"十四五"普通高等教育本科部委级规划教材

U0738180

食品工程原理实验

Shipin Gongcheng Yuanli Shiyan

李俊杰 单露英 李启彭◎主编

中国纺织出版社有限公司

内 容 提 要

食品工程是研究食品工业生产中所用加工方法、过程和装置的一门技术科学，是粮食、油料加工，食品制造和饮料制造等工程技术领域的总称。而食品工程原理则是各门类食品工艺学、发酵工艺学、食品机械学等学科的主要基础和组成部分。了解和掌握食品工程的相关原理是进行食品生产和相关设备开发的重要前提。因此，本书以食品工程原理为主要内容，具体从实验的角度对食品工程原理中的液体力学、制热、制冷、浓缩、混合、分离及干燥原理等多个方面的内容展开探讨。本书遵循科学性、系统性和实用性的编写宗旨，内容充实，论证严谨，适合作为食品工程相关专业师生及有关人员的参考用书。

图书在版编目（CIP）数据

食品工程原理实验 / 李俊杰，单露英，李启彭主编 .
北京 : 中国纺织出版社有限公司 , 2025. 6. -- （"十
四五"普通高等教育本科部委级规划教材）. -- ISBN
978-7-5229-1659-0

Ⅰ . TS201.1-33

中国国家版本馆 CIP 数据核字第 2025XF2389 号

责任编辑：闫 婷 金 鑫 责任校对：高 涵
责任印制：王艳丽

中国纺织出版社有限公司出版发行
地址：北京市朝阳区百子湾东里 A407 号楼 邮政编码：100124
销售电话：010—67004422 传真：010—87155801
http://www.c-textilep.com
中国纺织出版社天猫旗舰店
官方微博 http://weibo.com/2119887771
三河市宏盛印务有限公司印刷 各地新华书店经销
2025 年 6 月第 1 版第 1 次印刷
开本：710×1000 1/16 印张：12.5
字数：207 千字 定价：49.80 元

普通高等教育食品专业系列教材
编委会成员

《食品工程原理实验》编委会名单

主　编　李俊杰　昭通学院
　　　　单露英　昭通学院
　　　　李启彭　昭通学院

副主编　张帮磊　昭通学院
　　　　陆　一　昭通学院
　　　　施用晖　江南大学
　　　　乐国伟　江南大学

编写人员　李俊杰　昭通学院
　　　　　单露英　昭通学院
　　　　　李启彭　昭通学院
　　　　　张帮磊　昭通学院
　　　　　陆　一　昭通学院
　　　　　施用晖　江南大学
　　　　　乐国伟　江南大学
　　　　　李佳婷　吉林医药学院公共卫生学院

前　言

　　食品工程学、食品生物学和食品化学是食品科学的三大基础性理论，而食品工程原理是化学工程原理在食品工程上的应用和发展，因此，食品工程原理作为一门基础的工科类课程，在高校相关专业中占有重要地位。

　　食品工业是现代工业社会生产的一个重要环节，在食品加工行业中，随着科学技术的不断更新迭代，掌握新的生产工艺和操作技能是适应行业发展的必然要求。对食品工程相关专业的学生而言，实验是锻炼操作技能、提升理论知识应用能力的重要途径。基于此，笔者在借鉴前人理论知识和吸收当前先进技术经验的基础上，编写了《食品工程原理实验》一书。

　　本书由正文和附录组成。正文共有五章，第一章为绪论，主要概述了食品工程原理的研究内容、实验安全注意事项、实验室安全保障体系、实验数据处理及实验报告的撰写规范等基础性理论。第二章至第五章是本书的主体内容，分别从四个方面系统分析了食品工程原理实验。第二章具体分析了包括伯努利方程验证实验、离心泵特性曲线的测定实验、流体黏度的测定实验等在内的多项食品工程原理验证性实验；第三章主要分析食品工程原理的演示实验，具体包括雷诺演示实验、旋风分离演示实验、筛板塔流体力学性能演示实验以及板式塔流体力学性能演示实验；第四章具体分析了食品工程原理的重点操作实验，包括传热实验、干燥实验、超微粉碎实验等多项实验；第五章探讨了食品工程原理综合性实验，并具体分析了筛板塔精馏综合实验、填料塔吸收综合实验、转盘萃取综合实验等多项实验。本书的附录部分提供了常用单位的换算、常用材料的物理性质、常用产品的规格与性能等在食品工程实验过程中需要用到的数据和工具表。

　　本书以食品工程原理为指导，分类型、分层次地展开对食品工程原理实验的分析，具体涵盖了流体输送、流动，流体非均相混合物的分离、混合、乳化、传热、制冷，物料浓缩、干燥、蒸馏等多方面的实验内容，目的是使读者在掌握相关原理知识的基础上，熟悉各项操作原理和典型的实验设备，领悟技术操作要领，进而提高应用能力，为进一步学习食品加工工艺和进行工艺设计奠定基础。总的来看，本书主要有以下两方面的鲜明特点。

第一，内容丰富，层次清晰。本书围绕食品工程原理实验展开，一方面，在绪论和附录部分进行了开展实验的相关理论说明；另一方面，从四个具体的层次出发，对不同类型的食品工程原理实验展开详细分析，在保证内容丰富完整的同时，做到分层次论述。

第二，指导性、实用性强。本书分析的食品工程原理实验，内容涵盖食品加工中的多个工艺流程，在分析过程中不仅梳理了常见的实验设备，还详细说明了实验的操作原理和操作步骤，注重理论联系实际，强调知识的实用性，极力贯彻基础性、科学性、实践性原则。

食品工业是关系我国国计民生的重要支柱性产业，而产业的发展离不开专业技术人才的支持。本书围绕食品工程实验，对实验过程中涉及的基本原理、典型设备的结构原理、操作性能和设计计算等进行了详细的分析说明，力求帮助相关专业的学生深化理论知识、提高操作技能，并为将来从事现代食品生产工艺奠定良好基础，从而为食品工程专业技术人才的培养贡献微薄力量。

在本书编写过程中，笔者参考并引用了国内外有关食品工程原理实验的大量文献资料和网络资源，并得到了许多同事和亲朋的热情帮助，在此一并表示感谢。由于时间与精力有限，书中不足之处在所难免，恳请专家学者以及广大读者批评、指正。

编者

2024 年 8 月

目　录

资 源 总 码

第一章 绪 论

食品工程原理是食品工程专业的一门重要的技术基础课，是研究食品加工工程技术的基本理论、实践方法的一门学科，为农业资源转化和食品生产提供理论和技术基础，是食品工艺学的重要组成部分，也是食品专业学生的必修课程。食品工程原理实验主要研究各单元操作的基本原理、典型设备的构造、工艺尺寸的计算、选型及实验研究方法等。学生学习的任务是理解主要单元操作的基本规律，熟悉所用设备的工作原理、性能等，掌握运用基本原理分析和解决生产操作中遇到的各种实际工程问题的能力。本章作为开篇章节，先对食品工程原理的研究内容作简要论述，再对开展食品工程原理实验的一些要点进行探究，为后续具体的食品工程原理实验的研究作铺垫。

第一节 食品工程原理的研究内容

食品工程原理主要研究三传理论与单元操作。食品工程原理的研究内容具有较强的通用性和专业性。三传理论还可用于化学工程、生物工程、环境工程等领域的研究，流体的输送及非均相物系的分离、蒸发、干燥等单元操作也是许多行业共有的操作过程。因此，三传理论和单元操作具有较广的应用范围和较强的通用性。

一、单元操作

尽管不同食品的加工方法不同，同一食品的产品形式也千差万别，但其加工的基本操作原理有许多共同之处。例如，奶粉的加工从原料乳的验收开始，需要经过预热、杀菌、调配、真空浓缩、过滤、喷雾干燥等过程；又如，酱油的加工包括大豆的浸泡、加热、杀菌、过滤等工序。这两种产品的原料、产品形式、加工工艺都有较大的不同，但都包含了流体的输送、物质的分离、加热等物理过程。在食品工程原理中，将各种食品生产加工过程中共有的基本物理操作称为单元操作（unit operation）。

任何一种食品的加工过程都是由若干个单元操作串联形成的。例如，奶粉的加工主要有流体的输送、传热、均质、蒸发，以及非均相物系的分离、干燥等单元操作。又如，甜菜制糖要经过 30 多个步骤，其中主要涉及浸取、蒸发浓缩、结晶、离心分离、干燥等单元操作。每个单元操作都依赖一定的设备。例如，过滤操作是在过滤设备中进行的，干燥操作是在干燥器内进行的。所有单元操作都属于物理操作，只改变物料的状态或物理性质，不改变其化学性质。

同一食品生产过程中包含多个相同的单元操作，但是每次操作的目的可能不同。例如，小麦经过多次研磨和筛理，逐步制成面粉并去除麸皮。皮磨的作用是将麦粒剥开，从麦片上刮下麦渣、麦芯和粗粉，并保持麸片不过分破碎，以便最大限度地分离麦乳和麦皮。渣磨的作用是处理皮磨及其他系统分出的带有表皮的粉粒，使麦皮与胚乳分离，从中提取品质好的麦芯和粗粉，送入芯磨系统磨制成粉。

单元操作用于不同的生产过程，但其基本原理相同。例如，果蔬冷却和肉的冷冻过程操作条件有所不同，但是都属于制冷操作，遵循热量传递的基本规律。

二、三传理论

各类单元操作涉及的三种理论称为三传理论。食品工程原理是以三大传递过程原理为理论基础的，三大传递过程为动量传递、热量传递和质量传递。❶

（一）动量传递理论

食品工程中运动的流体发生的动量由一处向另一处传递的过程即为动量传递。

---

❶ 刘宇、屈岩峰主编《食品工程原理》，黑龙江大学出版社，2019，第 2 页。

影响流体流动最重要的一种性质是它的黏度，从微观角度看，流体分子由于热运动不断进行动量传递和交换，是产生黏度的主要原因。主要以流体动量传递原理为理论基础的单元操作有流体输送、混合、沉降、过滤、离心分离等。

（二）热量传递理论

物体在加热或者冷却的过程中都伴随着热量的传递，凡是遵循传热基本规律的单元操作都可以用热量传递的理论来研究。

以热量传递原理为理论基础的单元操作主要有热交换（加热或冷却）、蒸发、物料干燥、蒸馏等。

（三）质量传递理论

两相间物质的传递过程即为质量传递，凡是遵循传质基本规律的单元操作都可以用质量传递的理论来研究。

主要以质量传递原理为理论基础的单元操作有吸附、吸收、液—液萃取、浸取、结晶、膜分离等。

三种传递现象之间存在类似的规律和内在的联系，并且可以用类似的数学公式表达。因此，在学习和研究过程中要特别注意"三传类似"。

三传理论和单元操作是食品工程技术的理论和实践基础。流体流动的基本原理不仅是流体输送、搅拌、沉降及过滤的理论基础，也是传热与传质过程中各单元操作的理论基础，因为这些单元操作中的流体都处于流动状态。传热的基本原理不仅是热交换和蒸发的理论基础，也是传质过程中某些单元操作的理论基础，如干燥操作中不仅有质量传递，而且有热量传递。所以，流体力学、传热及传质的基本原理是各单元操作的理论基础，三传理论是单元操作在理论上的发展与深化，而单元操作是三传理论的具体应用，许多单元操作都包含两种以上的传递现象。例如，物料的热风干燥、精馏等单元操作中既包含传热和传质现象，也包含流体流动现象。

第二节 实验安全注意事项

一、实验室安全知识与环保要求

（一）实验室安全知识

安全问题是实验室的头等大事，凡是进入实验室工作的人员都必须具有高度的安全意识，严格遵守各种仪器设备的操作规程和实验室管理制度，时刻保持警惕，避免发生安全事故。

为保障实验室人身及设备仪器安全，遵守各项安全守则是必要的。实验室安全守则的具体内容如下。

（1）实验室应有专人管理，并张贴相关实验室规章制度、安全守则、安全应急预案等。文本材料包括实验室使用记录本、仪器设备使用记录本、废液回收记录卡等。

（2）实验室应做好防盗、防火措施，配备消防器材，如常用的灭火器，并根据需要安装灭火用的喷洒装置。

（3）实验室应配备医药急救箱，并备有常规的药品。

（4）实验室人员必须熟悉仪器、设备的性能和使用方法，按规定要求进行操作。

（5）凡进行危险性实验，实验人员应首先检查防护措施，确认防护妥当后才可进行操作。实验过程中操作人员不得擅自离开，实验完成后立即做好善后清理工作，并做记录。

（6）凡产生有毒或有刺激性气体的实验，应在通风柜内进行，做好个人防护，不得把头部伸进通风柜内。

（7）凡接触或使用腐蚀和刺激性药品，如强酸、强碱、氨水、过氧化氢、冰醋酸等，取用时尽可能戴橡皮手套和防护眼镜，瓶口不要直接对着人，禁用裸手直接拿取上述物品。开启有毒气体容器时应佩戴防毒面具。

（8）不使用无标签（或标志）容器盛放的试剂、试样。

（9）实验中产生的有毒有害废液、废物应集中处理，不得任意排放或流入下水道。酸、碱或有毒物品溅落时，应及时清理及除毒。

（10）严格遵守安全用电规程。不使用绝缘不良或接地不良的电器设备，不准擅自拆修电器。

（11）安装可能发生破裂的玻璃仪器时，要用布巾包裹。往玻璃管上套橡皮管时，管口应烧圆滑，并用水或甘油润滑，防止玻璃管破裂割伤手。

（12）实验完毕，实验人员应养成洗手离开的习惯。实验室内禁止吸烟和存放食物、食具（食品感官鉴评实验室例外）。

（13）实验结束，人员离开实验室前要检查水、电、燃气和门窗，确保安全，并做好登记。

（二）实验室环保要求

实验室环保要求规范如下。

（1）处理废液、废物时，一般要戴上防护眼镜和橡皮手套，有时要穿防毒服装。处理刺激性和挥发性废液时，要戴上防毒面具在通风柜内进行。

（2）接触过有毒物质的器皿、滤纸等要集中处理。

（3）废液应根据物质性质的不同分别集中在废液桶内，并在显眼处贴上标签以便处理。在集中废液时要注意有些废液不可以混合，如过氧化物与有机物、盐酸等挥发性酸与不挥发性酸、铵盐及挥发性胺与碱等。

（4）实验室内严禁饮食，离开实验室要洗手，如面部或身体被污染必须清洗。

（5）实验室内须保证通风、排毒、隔离等安全环保防范措施到位。

二、实验室常见消防器材与安全用电

（一）实验室常见消防器材

实验室消防器材要齐备有效、定期更换；电路、电器设备要符合安全规范，并定期检查；仪器设备的安全保护要可靠，发现问题及时处理。实验室常见的消防器材主要有以下几种。

1. 灭火器

灭火器是一种轻便的灭火工具，由筒体、器头（阀门）、喷嘴等部件组成，借助驱动压力可将充装的灭火剂喷出，是扑救各类初起火灾的重要消防器材。按充装的灭火剂可分为水基灭火器、干粉灭火器、二氧化碳灭火器、洁净气体灭火器等。

实验室内应配备合适的灭火设备和器材，并定期开展使用训练。灭火器种类要配置正确，方便取用且在有效期内，压力正常，瓶身无破损、腐蚀。还要有专人管理并定期检查灭火器，保证灭火器的有效性。灭火器的配置、外观等应按要求每月进行一次检查。

2. 灭火毯

灭火毯由不燃织物编织而成，能起到隔离热源及火焰的作用，可用于扑灭初起小面积着火或者披覆在身上逃生。灭火毯的优点是没有失效期，使用后不会产生二次污染，在无破损、油污的情况下能够重复使用。

平时将灭火毯固定或放置于显眼且能快速拿取的位置。遇到初起火灾时快速取出灭火毯，双手握住两根黑色拉带，将灭火毯轻轻抖开后呈盾牌状拿在手中，从靠近身体一侧向外铺开，将火焰完全覆盖，直至完全熄灭方可收起。

3. 消防沙

消防沙箱或沙桶，内装干燥细黄沙，是化学实验室常见的消防器材，主要用于扑救不能用水扑灭的 D 类金属火灾及油类火灾。

发生小范围金属及油类着火时，可将沙子少量多次倾倒，直至完全覆盖着火点。当着火面积比较大时，可用消防铲将沙子直接覆盖在油上，注意要完全覆盖。消防沙不适用于大面积火场的灭火，也不适用于易爆炸物质的灭火。

（二）实验室的安全用电

实验室是实验人员从事实验教学、科学研究的重要场所，因此，保证实验室的用电安全，对保障实验人员的生命安全和实验室的财产安全至关重要。

实验人员应当具备基本的实验室安全用电常识，主要包括以下几点。

（1）严格按照安全用电规程安装线路和电器设备，不能乱接电线或随意改装线路。对于空调、干燥箱、水浴锅等大功率电器，必须专线专用。

（2）应购买具有国家 3C 标准认证的接线产品，严禁使用破损的插头、插座或接线板。当发现插座松动、插头电线裸露时，应及时更换。

（3）所有电器设备的金属外壳必须用接地线接地。

（4）不要用湿手接触仪器设备，也不要用湿毛巾擦拭仪器。当仪器异常（如过热、报警、产生烟雾、产生焦糊味等）时，要立即切断电源，防止引发安全事故。

（5）在雷雨天气，应尽量切断仪器电源，以免引雷入室，导致仪器设备损坏。

（6）在安装或维护仪器设备时，要先断电再操作。对于一些拆装、维护难度较大的仪器，应请专业人士来操作。

（7）保持仪器的放置环境干燥、整洁，以免仪器及相关线缆被水浸湿或受潮。若实验室的环境较潮湿，应当经常开空调或除湿机。

（8）在实验开始前，应先检查用电设备再接通电源；在实验结束后，要先关闭仪器设备再关闭电源。当遇到停电时，应切断仪器电源，尤其是加热电器的电源。

（9）操作设备时必须保持手部干燥。所有带电状态的电器设备不能用湿抹布擦拭，不能有水落于上面。禁止用试电笔试高压电。

（10）必须在切断电源的情况下进行电器设备的检查和维修。电器设备的金属外壳应接地线，并定期进行检查。导线的接头应该牢固连接，裸露部分必须用绝缘胶布包好，或者套上塑料绝缘套。

（11）电源或电器设备上的保护熔断丝或保险管，应按照规定的电流标准使用，禁止私自加粗保险丝或采用铜丝、铝丝代替。

（12）如果实验过程中发生停电现象，必须切断仪器电源，防止操作人员离开现场后，突然供电导致仪器设备在无人监视下运行。

（13）离开实验室前，必须拉下总电闸。

三、实验室意外事故处理

（一）实验室失火处理

实验室发生火灾的危险具有普遍性。如果发生火灾，切忌惊慌失措，拨打119火警电话，如果能在火灾发生的初期采取适当的措施，可以将损失大大降低。

实验室灭火的原则是移去或隔绝可燃物，隔绝空气（氧气），降低温度。对不同物质引起的火灾，应采取不同的应急方法。

（1）关闭所有加热设备的电源，快速移去附近的可燃物质，关闭通风装置，减少空气流通。

（2）水是最常用的灭火物质，火势较小时，可快速用喷洒装置进行灭火。但能与水发生猛烈作用的物质着火时，以及比水轻、不溶于水的易燃或可燃液体着火时，不能用水或二氧化碳灭火器，可以用干粉灭火器或干燥的黄沙灭火。

（3）火势较大时，可用灭火器扑救。常用的灭火器有以下几种：二氧化碳灭火器，适用于扑救电器、油类和酸类着火，不能扑救钾、钠、镁、铝等物质着火；泡沫灭火器，适用于有机溶剂、油类着火，不宜扑救电器着火；干粉灭火器，适用于扑灭油类、有机物、遇水燃烧物质的着火；1211灭火器，适用于扑救油类、有机溶剂、精密仪器、文物档案着火。

（二）实验室生物安全意外事故处理

所有涉及感染性微生物工作的实验室都应当制定针对所操作微生物和动物危害的安全防护措施。任何涉及处理或储存危险度3级和4级微生物的实验室（三级生物安全水平的防护实验室和四级生物安全水平的最高防护实验室），都应有一份关于处理实验室生物安全意外事故的书面方案。

1. 刺伤、切割伤或擦伤处理

发生刺伤、切割伤或擦伤情况时，受伤人员应脱下防护服，清洗双手和受伤部位，使用适当的皮肤消毒剂，必要时进行医学处理。要记录受伤原因和相关的微生物，并应保留完整的医疗记录。

2. 潜在感染性物质的食入处理

实验人员不慎食入潜在感染性物质时，应脱下防护服并进行医学处理。要报告食入材料的鉴定情况和事故发生的细节，并保留完整的医疗记录。

3. 容器破碎及感染性物质的溢出处理

容器破碎导致感染性物质溢出时，应立即用布或纸巾覆盖受感染性物质污染或受感染性物质溢洒的破碎物品。首先在上面倒上消毒剂，并使其作用适当时间。然后将布、纸巾以及破碎物品清理掉，玻璃碎片应用镊子清理。最后用消毒剂擦拭污染区域。如果用簸箕清理破碎物，应对其进行高压灭菌或放在有效的消毒液内浸泡。用于清理的布、纸巾和抹布等应放在盛放污染性废弃物的容器内。以上操作应全程戴手套。如果实验表格或其他打印或手写材料被污染，应将这些信息复制，并将原件置于盛放污染性废弃物的容器内。

（三）实验室化学安全意外事故处理

1. 有毒气体中毒处理

常见有毒气体有氯气、硫化氢、氮氧化物、一氧化碳等。如果发生中毒，可以按照以下方式进行处理。

（1）对有毒气体突发事件的现场采取封控措施（设置明显警示标志，未经许可无关人员不得进入），疏散现场人员，撤离至指定安全区域，以保证人员脱离化学品毒物的危害，并迅速关闭现场通风设施，防止化学品毒物进一步扩散。

（2）将疑似中毒人员撤离至指定安全区域，利用现有资源和手段对其进行现场抢救和医学观察，调查是否存在化学品毒物中毒的可能。

（3）现场处置人员穿着防护服，佩戴防毒面罩，进入事发现场用仪器进行多点空气采样，对空气中化学品毒物浓度进行检测。如现场空气中未检测到化学品毒物，且疑似中毒人员经排查无化学品毒物中毒迹象，即可解除上述警戒措施。如现场发现化学品毒物释放征象，或者现场空气中检测到化学品毒物浓度超标，利用现有仪器设备测定出受污染区域范围。

（4）对实验室人员进行问询调查，了解事件发生情况，登记相关信息。

（5）迅速开通绿色通道，并保持其畅通，以保证专业救援队伍能够以最快速度直接到达事发现场。

2. 强酸、强碱灼伤处理

受到硫酸、盐酸、硝酸伤害时，立即用大量水冲洗，然后用 2% 小苏打水冲洗患处；受到 NaOH、KOH 溶液伤害时，迅速用大量水冲洗，再用 2% 稀醋酸或 2% 硼酸充分洗涤患处。遇有衣服粘连在皮肤上，切忌撕开或揭开，以防破坏皮肤组织，在大量冲水后送往医院由医生处理。

（四）实验室触电事故处理

1. 切断电源

若出现触电事故，应先切断电源或拔下电源插头，若来不及切断电源，可用绝缘物挑开电线，在未切断电源之前，切不可用手触碰触电者，也不可用金属或潮湿的东西挑电线。

2.实施急救并求医

触电者脱离电源后，应迅速将其移到通风干燥的地方仰卧。若触电者呼吸、心跳均停止，应在保持触电者气道通畅的基础上，立即交替采取人工呼吸和胸外按压等急救措施，同时立即拨打急救电话，尽快将触电者送往医院，途中继续进行心肺复苏术。

第三节　实验室安全保障体系

以人为本的实验室安全体系，应该是包括安全管理体系、安全教育体系和安全技术体系的三位一体的有机系统。安全管理与安全教育体系使人们形成安全思想意识，充分提升安全素质；安全技术体系给予必要的技术保障，在情况危急之际能够较为迅速地消除危险，或者把危险程度降至最低。

一、实验室安全体系构建原理

（一）系统原理

在现代管理学中，系统原理属于一种基本原理，实验室安全工作是一项系统管理工程，涉及人、物、环境的各个方面，是全方位、全天候和涉及全体人员的管理。

（二）人本原理

人本原理将人置于首要位置，将确保人身安全作为第一目标，依据人的思想与行为规律，制定科学合理的规章制度，防范人出现粗心大意的情况，并采取合适的激励措施，将人内在的潜能充分挖掘出来。

（三）预防原理

构建安全保障体系旨在"防患于未然"，即以预防为主，通过全方位的有效手段，减少和防止人的不安全行为和物的不安全状态。

（四）强制原理

由于安全保障的长期持续性和人的懈怠性，要求采取强制管理的手段控制人的意愿和行为，使个人的意识和行为受到安全制度的约束。

（五）标准化管理原理

管理标准化的价值在于借助统一化的管理，促使复杂的安全体系能够在一定范围内取得最合适的秩序与最优良的效益，尽可能降低意外事故发生的概率。

二、三位一体管理体系

（一）安全管理体系

实验室安全管理体系包括安全管理制度和安全管理体制。制度和体制在内涵和外延上都包括宏观和微观两个层次，在概念上既存在差异又彼此关联。安全管理制度是一项具体制度，属于微观层次，是安全体系内的成员都需要遵循的安全准则或行动原则。体制属于制度的中观层次，其含义涉及格局与规则两个层面。安全管理体制是国家机关、企业及事业单位整体意义上在安全管理方面的组织格局，这个组织格局全部或部分地决定或蕴含着、影响着这个组织为实现安全管理功能而进行运作的规则。

1. 安全管理制度

实验室宜根据业务性质、活动特点等建立、实施、保持和持续改进与其规模及活动性质相适应的安全管理体系，明确怎样满足所有的安全需求，并形成文件。对于特定的实验室，可能需要附加程序以覆盖实验室的特定功能。安全管理体系文件应包括安全方针和目标、安全管理体系覆盖范围的描述、安全管理体系主要因素及其相互作用的描述、文件的查询途径，以及实验室为确保对涉及安全风险管理的过程进行有效策划、运行和控制所需的文件和记录。实验室的安全管理制度是对实验室内人的行为和物品的状态进行规范约束，维护实验室的安全秩序，避免造成危害。我国现有的实验室管理制度发展至今，各项规章制度正在逐渐完善，然而具体措施的可操作性与持久性明显较弱。

2. 安全管理体制

安全管理体制就是处理安全问题的方法或手段，是制度形之于外的具体表现和实施形式。成熟的安全管理体制的特点是组织机构健全、角色众多，但各自承担职责，为实验室安全管理提供强劲有力的组织保障，充分彰显出"以人为本"的工作思想。

（二）安全教育体系

人是安全体系中的核心，安全教育体系的服务对象就是人，是"以人为本"的具体体现。人在安全中发挥作用的三大要素是安全知识、安全意识和安全责任，应该围绕这三大要素，并基于安全保障的长期性和多面性，以及人的自然特性，长期、多层次、多方式地进行安全教育。

1. 安全知识教育

安全知识教育包括理论知识和操作技能训练。理论知识的教育是将安全建立在科学理论的基础上，从知识根源上深化安全意识和解决责任问题。安全操作技能训练是实现由理论至实践的转化，借助实践深化对理论知识的认知，从而更好地保障安全。安全知识教育应当涉及安全的各个层面，面向不同岗位展开差别化教育，并且需要保持与时俱进的思想，持续更新。

2. 安全意识教育

安全意识教育和安全知识教育具有非常紧密的联系，只有充分意识到安全隐患的危害，才能时刻保持警惕。安全意识教育不但适用于"新人"，而且适用于"老手"。不管是对"新人"还是"老手"开展安全意识教育，其目的都在于警醒，使安全意识转化成安全习惯。在教育方式上，应当借助经常性的提醒、监督、警示将安全意识固化，从每个细节处入手，使安全行为常态化。

3. 安全责任教育

安全涉及面众多，并关系到全体人员，将安全责任落实到每个人是进行安全责任教育的目标。建立安全责任制，把安全工作的任务落实到实验室的每个人身上，形成"人人关心安全工作，人人参与预防工作"的良好氛围，有利于增强安全保障力。

（三）安全技术体系

安全管理体系和安全教育体系主要从软件层面进行安全保障，而安全技术体系主要从硬件技术上进行安全预防和应急，包括基本建设保障和技术防范保障。安全技术体系依照功能差异，主要分为预警技术系统与应急技术系统两大系统。实验室的预警技术系统是指一些具有预警功能的安全设备系统，如视频监控系统，门禁系统，设备安全报警系统，空气监测系统，水、电、气状态实时监控系统，气候预报系统等。预警技术系统的功能主要是预防危险和事故的发生，旨在"防患于未然"。实验室的应急技术系统是指实验室配备的、在发生事故或紧急情况时的应急设施，如灭火设备（灭火器、消防栓、沙袋、灭火毯、消防喷淋设备等）、应急照明系统、事故警报系统、呼救系统、逃生系统、备用电力系统等。应急技术系统旨在"救急救险"，降低事故的危害性。

三、实验室布局要求

对实验室进行规划修建或改造时，应当高度重视实验室的安全问题。在规划时，设计师应当考虑实验室的结构与布局能消解或降低风险，尤其应当高度重视通道和出口的安全，与此同时，也要重视实验区域与设施的结构和布局。总的来说，实验室的结构和布局的要求如下。

（一）一般规定

1. 结构、荷载

（1）实验室结构选型及荷载确定应使建筑物具有使用的适应性。

（2）实验室宜采用标准单元组合设计，标准单元柱间距应考虑实验台及仪器设备的尺寸、安装及维护检修的要求。

（3）实验室建筑层高应不低于实验室最小净高、所需设备管道夹层高、结构梁高三者之和，其中实验室最小净高应符合 JGJ 91—2019《科研建筑设计标准》的要求，设备管道夹层高应根据夹层内各专业设备管道综合布设后确定。

（4）实验室楼层的活荷载及其组合值、频遇值和准永久值系数选取应符合 GB 50009—2012《建筑结构荷载规范》的要求，如果有特殊仪器和设备，应据实核算。

2.门窗、走道

（1）实验室门洞最小宽度、走道最小净宽应符合 JGJ 91—2019《科研建筑设计标准》的要求。

（2）有大型仪器设备进出或工作人员密集的实验室应根据大型仪器设备的尺寸、样品和工作人员数量增加门洞宽度、走道净宽。

（3）底层、半地下室及地下室的外窗应采取防虫及防啮齿类动物的措施，外门也应采取防虫及防啮齿类动物的措施。

3.楼梯、电梯

（1）楼梯、电梯防火设计应符合 GB 50016—2014《建筑设计防火规范（2018年版）》的规定。

（2）实验人员经常通行的楼梯，其踏步宽度和高度应符合 JGJ 91—2019《科研建筑设计标准》的要求。

（3）多层实验建筑最好设置物流电梯，电梯的位置与数量最好可以把人流与物流分隔开。

4.防盗与报警

（1）放射性物质贮存场所应设置防盗门窗、防盗摄像头及报警装置等设施。

（2）将易燃、易爆气瓶集中放置于一个房间中，应当设置泄漏报警装置，对于气体管道宜设置低压报警装置。

（3）对限制人员进入的实验区或室，应在明显部位或门上设置警告装置或标志。

（4）应当设置专门的监控室监控盗窃行为，一经发现，立即报警。

5.防火与疏散

（1）实验建筑的防火设计应符合 GB 50016—2014《建筑设计防火规范（2018年版）》的规定。

（2）有贵重仪器设备的实验室的隔墙应采用耐火极限不低于 1h 的非燃烧体。

（3）由一个以上标准单元组成的通用实验室的安全出口不宜少于两个。

（4）易发生火灾、爆炸、化学品伤害等事故的实验室的门宜向疏散方向开启。

（5）大型电子机房，重要资料、记录储存区域不应使用传统的水喷淋设施。

6.实验辅助设施

（1）用于食品和饮料的存储、准备和食用的设施应在实验区域外，避免发生交叉污染，并便于实验室员工使用。

（2）实验室内应当设置满足员工需求的洗手设施。

（3）实验室可以基于任务与化学品的使用量，在实验区外配备人们可以触及的喷淋设施。

（4）实验室可配置更衣设施，包括储存衣物的设施。

（5）使用强酸、强碱的实验室地面应具有耐酸、碱腐蚀的性能，用水量较多的实验室的地面应设地漏。

（二）特殊要求

1.实验室内设备、家具的布局要求

（1）在实验室设计阶段，应注意人工操作和工作流程，包括交通路线、交通流量和反复操作。

（2）工作台之间或工作台与放置在地板上的设备之间的工作区域的最小宽度应满足如下要求：实验人员在过道一侧工作，无他人经过时至少1000mm；实验人员在过道一侧工作，有他人经过时至少1200mm；实验人员在过道两侧工作，无他人经过时至少1350mm；实验人员在过道两侧工作，会有他人经过时至少1800mm。有他人经过的情况是指在过道一侧或两侧有实验人员工作的同时，其他人需要通过过道。

（3）工作台和其他大型设备的布置宜使实验人员能不被妨碍地工作或避免遭受来自实验室其他工作人员的危险。如果并未经过相应的风险评价，工作台与其他大件设备在实验室完成布局后要避免再次移动。设计工作台的高度、宽度应当考虑工作类型。

（4）大多数实验操作都是在工作台上方开展的。为了实现该空间的最大化，工作台高度应当设置成使用者感觉便利的最低高度。坐着展开实验操作时，工作台的高度宜为700～750mm。若实验人员站立进行实验操作，建议工作台的高度设为800mm。

（5）整个实验室内，不同的工作台与写字台使用的高度应当满足统一、协调的要求。应当充分考虑工作台上方能够运用的空间，如高的仪器应放置在较低的平台上，以便使用者能够安全方便地操控整个仪器。

（6）宜适当考虑人类工效学和光线问题，工作场所作业面上的照度应符合GB 50034—2013《建筑照明设计标准》的要求。带显示器设备的高度宜调整到使由于过度使用而导致伤害的可能性最低。

（7）固定安装的设备或难以移动的设备周围应留有足够的维修空间。

（8）工作台的放置一般不宜平行于有采光的外墙，为了在工作发生危险时易于疏散，工作台之间的走道应全部通向走廊。

（9）放置大型设备的仪器台一般有供电、供气、供水线路的使用需求，所以靠墙布置的仪器台应留出与墙不少于500mm的距离做管线通道，以便管线的安装、维护。

（10）记录区应与使用有害材料或承担有害过程的区域隔离。

2. 储存区要求

（1）腐蚀性材料应有单独的存放区。存放区应满足架子距离地面最高1000mm，墙壁、地面应涂刷能阻止化学品侵蚀的防腐涂层，地面应修建防护堤并设置警告牌。

（2）气瓶间、样品库、化学试剂存放室应考虑避光、温度控制和增加换气次数，挥发性较强的样品和试剂的存放应考虑带排风功能的试剂柜。

（3）实验室需要的气体宜设置独立气瓶室集中管理、存放和提供，气瓶室应按GB 50016—2014《建筑设计防火规范（2018年版）》的规定设置防爆墙、泄爆设施；气瓶室与其他房间之间，当必须穿过管线时，应采用不燃烧体材料填塞空隙；气瓶室应分成两间，将易燃气体与助燃气体分开放置；气瓶室宜远离实验楼设置，如果必须设在楼内，应选择人员较少的僻静处；气瓶室的排风设施宜单独直接排向室外，并有事故排烟装置。

四、提高实验室安全水平的有效对策

实验室发生安全事故之际，人是最关键的一种因素。人的安全行为能够减少事故发生或规避事故发生，而人的不安全行为会造成安全事故的发生。所以，如果想把实验室的安全工作做好，首先一定要高度关注人的因素。只有加强对实验室工作人员的管理，才能在真正意义上提高实验室安全管理的水平，避免实验室安全事故的发生。

（一）做好实验室工作人员的安全培训工作

如果要规避实验室安全事故，首先一定要切实提升实验室工作人员的综合素质与安全意识，使他们具备预防和控制事故的能力。在培训过程中，不仅要向员工讲授安全规章制度、安全知识，还要强调和培养员工的社会责任感，使其具备扎实的理论基础与高超的技术水平，为营造健康优良的实验室环境作出相应的贡献。实验室工作人员应保持强烈的责任意识与安全意识，及时将安全隐患消除，深谙慢性危害因素的破坏性。当实验室工作人员形成了强烈的社会责任感时，便会尽力控制自身行为，最大限度确保实验室的安全。

（二）制定完善的安全管理制度和责任机制

许多实验室都制定了科学合理的安全制度与规定，也确立了具体的责任机制。然而，从实际效果来看，这些制度与机制通常缺乏针对性，也缺乏具体细致的举措，可操作性有限或责任模糊。此外，一些新仪器、新方法开始不断地被应用到实验室中，原有的安全制度和责任机制已不能适应新时期食品质量检验的需要。因此，要不断改进安全制度和责任机制，建立责任明确、分工具体、便于操作的安全管理制度。比如，可以在各个实验室制定相应的操作程序和动作标准，实施标准化操作，充分发挥制度和机制的作用，以保障实验室的安全。

（三）使物处于安全状态

除了人的不安全行为外，物的不安全状态也威胁着实验室的安全。在物的因素方面需要做好以下工作。❶

（1）努力改善实验室的环境。对实验室进行标准化建设；规范实验室的各项设施；对实验室的各功能区进行科学合理的布置和规划；实验室的安全标志应直观、醒目；保证实验室的各种管线和装置可以正常使用，为实验室和相邻建筑物提供安全保障。

（2）各种试剂、材料、标准物质和器皿要合理存放，取用时要注意安全。

（3）要安排专人对实验室的废液、废弃物进行管理。

（4）制定易操作、条理化的安全查验手册。

---

❶雷质文、唐丹舟、姜英辉等：《食品实验室人员管理——认证认可机制下食品实验室人员管理指南》，中国标准出版社，2015，第332页。

第四节　实验数据处理

在食品工程的日常分析检验与科学研究中，往往会得到一大堆数据，要对这些数据进行正确记录、合理运算，以及去伪存真，从中找出规律并获得正确结果，就必须对数据进行正确处理。

一、实验结果的表示

食品实验项目众多，某些项目测验结果还可以用多种化学形式来表示，如硫含量，可用 S^{2-}、SO_2、SO_3 等化学形式表示，它们的数值各不相同。测定结果的单位也有多种形式，如 mg/L、g/L、mg/kg、g/kg、mg/100g、质量分数（%）等，取不同单位时，显然结果的数值不同。统计处理结果的表示方法也多种多样，如算术平均值、极差、标准偏差等，表示测定数据的离散程度（精密度）。

原则上讲，食品实验要求测定结果既反映数据的集中趋势，又反映测定精密度及测定次数，另外还要符合食品分析自身的习惯表示法。

通常，食品实验中给出的测定结果采用质量分数，食品中微量元素的测定结果采用 mg/kg（$\times 10^{-6}$）或 μg/mg（$\times 10^{-9}$），统计处理的结果采用测定值的算术平均数 $\bar{x}$ 与极差 $R=x_{max}-x_{min}$。当测定数据的重现性较好时，测定次数 n 通常为 2 次；当测定数据的重现性较差时，分析次数应相应地增加。

二、有效数字及处理

食品实验中数据记录与计算均按有效数字计算法进行。

（一）有效数字的概念

有效数字是指在分析工作中实际能测量到的数字，通常包括全部准确数字和一位不确定的可疑数字，即在有效数字中，只有最后一位数字是可疑的。

（二）有效数字的位数

（1）数字中有0时，0可以是有效数字，也可以是非有效数字。

（2）分数中分母或倍数中系数为自然数时，为非测量所得，它不表示有效数字的位数。

（3）计算有效数字的位数时，若第一位数字是8或9，其有效数字的位数应多算一位。

（4）有效数字的位数与量的使用单位无关。

（5）化学中常遇到pH、pK等，其有效数字的位数取决于小数部分的位数，其整数部分只说明原数值的方次。

（三）有效数字的修约

在修约有效数字时，应遵循以下规则。

（1）若被舍弃的第一位数字大于5，则其前一位加1。

（2）若被舍弃的第一位数字等于5，其后数字全部为0，则视被保留的末位数字为奇数还是偶数而决定进或舍，末位是奇数时进1，末位是偶数时舍弃。例如，将28.175和28.165处理成四位有效数字，分别为28.18和28.16。

（3）若被舍弃的第一位数字为5，而其后的数字不全为0，无论前面数字是偶数还是奇数，皆进1。

（4）若被舍弃的数字包括几位有效数字，不得对该数进行连续修约，而应根据以上规则仅作一次处理。

（四）有效数字的运算规则

1. 加减运算

在加减运算中，应以参加运算的各数据中绝对误差最大（即小数点后位数最少）的数据为标准，决定结果（和或差）的有效位数。

2. 乘除运算

在乘除运算中，应以参加运算的各数据中相对误差最大（即有效数字位数最少）的数据为标准，决定结果（积或商）的有效位数。中间算式中可多保留一位。遇到首位为8或9时，可多算一位有效数字。

三、可疑值的取舍

在实验分析测试中，由于随机误差的存在，多次重复测定的数据不可能完全一致，存在一定的离散性，常常会发现一组测定值中某些个别数据比其余测定值明显偏大或偏小，这样的测定值称为可疑值。可疑值可能是测定值随机的极度表现，它虽然明显地偏离其余测定值，但仍然处于统计上所允许的合理误差范围，属于同一体系，称为极值，极值也属有效值范围，必须保留。然而也有可能存在这样的情况，就是可疑值与其他测定值并不属于同一体系，则称其为界外值、异常值、坏值，应删除。

对于可疑值，必须首先从技术上弄清楚其出现的原因。如果查明是由实验技术上的失误引起的，不管这个可疑值是否为异常值都应舍弃，不必进行统计检验。但是，有时由于各种缘故未必能从技术上找出过失的原因，在这种情况下，既不能轻易地保留它，也不能随意地舍弃它，应对它进行统计检验，以便从统计上判明可疑值是否为异常值。一旦确定为异常值，就应从这组测定中将其删除。

取舍可疑值的方法有多种，各有其优缺点，比较简单的处理方法有 Q 检验法和 4d 法。

（一）Q 检验法

Q 检验法又叫"舍弃商法"。其具体步骤是将多次测定的数据，按数值大小顺序排列，设 x_n 或 x_1 为可疑值，根据统计量 Q 进行判断，确定可疑值的取舍。

Q 的计算公式为：

$$Q = \frac{x_2 - x_1}{x_n - x_1} \ \text{或} \ Q = \frac{x_n - x_{n-1}}{x_n - x_1}$$

式中：分子为可疑值与相邻的一个数值之差，分母为整组数据的极差。Q 值越大，说明可疑值偏离其他值越远。将 Q 计算值与 Q 理论值进行比较，若大则应舍弃可疑值，否则应予以保留。

（二）4d 法

4d 法即 4 倍于平均偏差法，也叫"4 倍法"，适用于 4～6 个平行数据的取舍，方法如下。

除可疑值外，将其余数据相加求算术平均值 $\bar{x}$ 及平均偏差 $\bar{d}$。

将可疑值与平均值相减，若（可疑值 $-\bar{x}$ ）$\geq 4\bar{d}$，则可疑值应舍弃；若（可疑值 $-\bar{x}$ ）$\leq 4\bar{d}$，则可疑值应保留。

四、测定结果的校正

在食品分析中常常因为系统误差使测定结果高于或低于检测对象的实际含量，即回收率不是 100%，所以需要在样品测定时，用加入回收法测定回收率，再利用回收率按下式对样品的测定结果校正。

$$\omega = \omega_0 \div P$$

式中：ω 为样品中被测成分的质量分数（%）；ω_0 为样品中被测成分实际测得的质量分数（%）；P 为回收率（%）。

五、分析实验数据的质量

分析过程和分析结果是否有效和可信，或者说分析结果的质量对实验来说是很重要的。对分析结果（即分析数据）的可信程度提出疑问是很正常的，因为人们需要比较、评价或再现（复现）分析结果。但是回答这些问题存在一定的难度，因为影响测定结果的因素很多，而人们对各影响因素又缺乏全面的了解。在实际工作中，即使实验人员选择最准确的分析方法，使用最精密的仪器设备，具备丰富的经验和熟练的技术，对同一样品进行了多次重复分析，也不会获得完全相同的结果，更不可能得到绝对准确的结果。这就表明，误差是客观存在的。减少分析过程中的误差，减少分析数据的不确定度，是保证分析数据质量的关键。

（一）误差

误差或测量误差是指测量值或测量结果与真实值之间的差异。根据误差的性质，可将其分为系统误差、偶然误差和过失误差三大类。

1. 系统误差

系统误差是由分析过程中某些固定原因造成的，测定结果系统地偏高或偏低。常见的系统误差根据其性质和产生的原因，可分为方法误差、仪器误差、试剂误差、操作误差（或主观误差）等类别。

2. 偶然误差

偶然误差的正负值都不固定，又称不定误差。偶然误差的产生难以找到确定的原因，似乎没有规律可循。但如果进行很多次测量，就会发现其服从正态分布规律。偶然误差在分析操作中是不可避免的。

3. 过失误差

分析工作中除上述两类误差外，还有一类是过失误差。它是由于分析人员粗心大意或未按操作规程办事造成的误差。在分析工作中，当出现误差值很大的情况时，应分析其原因，若是过失误差引起的，应舍去该结果。

（二）不确定度

1. 不确定度的定义

不确定度是"测量不确定度"的简称，指分析结果的正确性或准确性的可疑程度。不确定度是用于表达分析质量优劣的一个指标，是合理地表征测量值或其误差离散程度的一个参数。❶

不确定度又叫可疑程度，俗称为"不可靠程度"。它定量地表述了分析结果的可疑程度，定量地说明了实验室（包括所用设备和条件）分析能力水平。因此，不确定度常作为计量认证、质量认证以及实验室认可等活动的重要依据之一。另外，由于通常真实值是未知的，分析结果是分析组分真实值的一个估计值。只有在得到不确定度值后，才能衡量分析所得数据的质量，进而指导数据在技术、商业、安全和法律方面的应用。

2. 不确定度的分类

不确定度是与分析结果有关的参数，在分析结果的完整表述中，应包括不确定度。不确定度可以用标准差或其倍数，或者一定置信水平下的区间（置信区间）来表示，因此可将不确定度分为两大类：标准不确定度和扩展不确定度。

（1）标准不确定度。标准不确定度即用标准偏差表示分析结果的不确定度。根据计算方法，标准不确定度又分为三类：A类标准不确定度是用统计分析方法计算的不确定度；B类标准不确定度是用不同于A类的其他方法计算的不确定度，以估计的标准差表示；所有标准不确定度分量的合成称为合成标准不确定度，其标准偏差也是一个估计值。

❶ 张少文主编《分析化学》，中国环境科学出版社，2016，第410页。

（2）扩展不确定度。扩展不确定度又称为总不确定度。它提供了一个区间，分析值以一定的置信水平落在这个区间内。扩展不确定度一般是这个区间的半宽。

3. 不确定度的来源

在实际分析工作中，分析结果的不确定度源于很多方面，典型的来源包括：对样品的定义不完整或不完善；分析的方法不理想；取样的代表性不够；对分析过程中环境影响的认识不周全，或对环境条件的控制不完善；对仪器的读数存在偏差；分析仪器计量性能（灵敏度、分辨力、稳定性等）上的局限性；标准物质的标准值不准确；引进的数据或其他参量的不确定度；与分析方法和分析程序有关的近似性和假定性；在表面上看来完全相同的条件下，分析时重复观测值的变化，等等。

典型的不确定度来源包括如下几类。

（1）取样。分析过程中在实验室或现场取样时，取样代表性不够、不同样品间的随机变化和在取样过程中潜在的偏差可导致最终结果的不确定度。

（2）存放条件。实验样品在分析前要存放一段时间，存放条件可能影响结果。应将存放期限和存放条件作为不确定度来源加以考虑。

（3）仪器效应。仪器效应也是典型的不确定度来源，如分析天平校准的准确度范围，温度控制器可能保持与它的指示设定点不同的平均温度，自动分析仪可能有滞后效应等。

（4）试剂纯度。即使已测定试剂的纯度，试剂溶液的浓度仍不能准确知道，因为与测定过程有关的不确定度仍存在。有些试剂在放置过程中也会发生纯度的变化，如氢氧化钠试剂和氢氧化钠溶液在放置过程中都会和空气中的二氧化碳反应生成碳酸氢钠，纯度自然发生变化。

（5）假定的化学计算。一般分析时都要假定分析过程遵循一个特殊反应的化学计算，但这一化学计算和实际的计算是有差异的，而且可能发生了不完全反应或副反应。

（6）分析条件。分析条件的变化也是不确定度的来源，如分析环境温度有时会影响分析结果，要考虑到温度的不确定度，当然，对显著的温度效应必须校正。同样，在样品对可能的湿度变化敏感的情况下，湿度也会引起分析结果的不确定度。

（7）样品效应。复杂的样品中被分析成分的回收率或仪器响应可能受到样品组成的影响，被分析成分可能进一步扩大这种影响。由于复杂的成分改变了热状态或光分解效应，样品和被分析成分的稳定性也会在分析中发生变化。

4. 不确定度的评估过程

不确定度的评估在原理上很简单。下面叙述了为获取分析结果的不确定度估计值要开展的工作，步骤如下。

（1）规定分析对象。规定分析对象即清楚地写明需要分析什么，包括分析对象和分析所依赖的输入量（所测定的参数、常数、校准标准值等）的关系。还应该包括对已知系统影响量的修正。该技术规定资料应在有关的标准操作程序（SOP）或其他方法描述中给出。

（2）识别不确定度的可能来源。识别不确定度的可能来源，包括第一步规定的关系式中所含参数的不确定度来源，但是也可以有其他来源，必须包括由化学假设产生的不确定度来源。

（3）不确定度分量的量化。测量或估计与识别的每一个潜在的不确定度来源相关的不确定分量的大小。通常能评估或测量与大量独立来源有关的不确定度的单个分量。要考虑数据是否足以反映所有的不确定度来源，可以计划其他的实验和研究来保证所有的不确定度来源都得到充分的考虑。

（4）计算合成不确定度。在第三步中得到的信息是总不确定度的一些量化分量，它们可能与单个来源有关，也可能与几个不确定度来源的合成影响有关。这些分量必须以标准偏差的形式表示，并根据有关来源规则进行合成，以得到合成标准不确定度。应使用适当的包含因子给出扩展不确定度。

（三）误差和不确定度的关系

误差和不确定度是两个完全不同的概念。误差是本，没有误差，就没有误差的分布，就无法估计分析的标准偏差，当然也就不会有不确定度。不确定度分析实质上是误差分析中对误差分布的分析。然而，误差分析更具广义性，包含的内容更多，如系统误差的消除与减弱等。可见，误差和不确定度紧密相关，但也有区别。

（四）实验数据质量的提升

在实验中，为了使分析结果和数据有意义，就要尽量提高分析结果的准确度，提升实验数据质量。因此，定量分析必须对所测数据进行归纳、取舍等一系列的分析处理，同时，还需根据具体分析任务对准确度的要求，合理判断和正确表述分析结果的可靠性与精密度以及分析的不确定度。为此，应该了解分析过程中产生误差的原因及误差出现的规律，并采取相应的措施减小误差，使分析结果尽量接近客观的真实值。

第五节　实验报告的撰写规范

食品工程原理实验的目的在于通过实践掌握科学观察的基本方法和技能，培养科学思维、分析判断及解决实际问题的能力，培养尊重科学事实和真理的学风和科学态度。当然，通过实验还可以加深对生化理论的认识。

为了达到实验目的，要求学生在实验前进行预习，通过预习对实验的内容、目的要求、基本原理、基本操作及注意事项有初步的了解；要求学生在实验中合理组织安排时间，严肃认真地进行操作，细致观察各种变化并如实做好实验结果的记录；要求学生在操作结束后认真进行计算和分析，写好实验报告。

实验报告应使用统一格式的实验报告纸手写，顶部写上实验名称、实验日期、实验室名称、姓名、班级、学号等，正文部分包括实验目的、实验原理、实验流程图、实验操作步骤、实验注意事项、实验数据处理等。

一、实验名称

每篇实验报告都要有名称，列在报告的最前面。实验名称应简洁、鲜明、准确。

二、实验目的

实验目的需要简明扼要地说明为什么要进行这项实验，本实验要解决什么问题。

三、实验原理

简要说明实验的基本原理，主要包括实验中涉及的主要概念、重要定律、公式以及延伸出来的重要结论。

四、实验流程图

简单画出实验装置流程图，标出设备、仪器仪表与调节阀等，标出测试点的位置。

五、实验操作步骤

根据实际操作过程，按照时间的先后将实验操作划分为几个步骤，使操作更有条理、更清晰。对于操作过程的说明应简单易懂。

六、实验注意事项

对于容易引起设备或仪器仪表损坏、容易发生危险以及对实验结果影响比较大的操作过程，应在注意事项中明确标出，以引起实验者的注意。

七、实验数据处理

实验数据处理是实验报告的重点内容之一。需要将实验原始数据经过整理、计算、加工，形成图或表格的形式。图要能直观地表达变量之间的关系，表格要显示出数据的变化规律和各参数的相关性。学生应以某一组原始数据为例，把各项计算过程列出，以说明数据整理表或图中的结果是如何得到的。

实验报告应独立完成，严禁抄袭，数据处理须科学，分析与讨论须科学合理。操作步骤应简明扼要，可以列出流程图；数据处理与结果计算中，应完整列出原始数据和计算公式；结果的量和单位应采用我国的法定计量单位。

第二章　食品工程原理的验证实验

从实验内容来说，本章探究的为三传理论，即动量传递、热量传递、质量传递的相关实验。这些实验验证了食品工程的原理，实验时间较短、实验步骤较单一，属于基础性实验。

实验一　伯努利方程验证实验

课件资源

一、实验目的

流动流体具有的总能量是由各种形式的能量组成的，并且各种形式的能量之间又可相互转换。流体在导管内做稳态流动时，在导管的各截面之间的各种形式的机械能的变化规律，可由机械能衡算基本方程来表达。这些规律对解决流体流动过程的管路计算，流体压力、流速与流量的测量，以及流体的输送等问题，都有着十分重要的作用。本实验采用伯努利实验仪，观察不可压缩流体在导管内流动时，各种形式机械能的相互转化现象，并验证伯努利方程，从而加深对流体流动过程基本原理的理解。

二、实验原理

对于不可压缩流体，在导管内做稳态流动，系统与环境又无能量的交换时，若以单位质量流体为衡算基准，则可对确定的系统列出如下所示的机械能衡算方程。

$$gz_1 + \frac{p_1}{\rho} + \frac{u_1^2}{2} = gz_2 + \frac{p_2}{\rho} + \frac{u_2^2}{2} + \sum hf$$

将式中两端除以 g，则又可以表达为：

$$z_1 + \frac{p_1}{\rho g} + \frac{u_1^2}{2g} = z_2 + \frac{p_2}{\rho g} + \frac{u_2^2}{2g} + \sum Hf$$

式中：z 为流体的位压头（m）；p 为流体的压力（Pa）；u 为流体的平均流速（m/s）；ρ 为流体的密度（kg/m³）；g 为重力加速度（m/s²）；$\sum hf$ 为流动系数内因阻力造成的能量损失（J/kg）；$\sum Hf$ 为流动系数内因阻力造成的压头损失（m）；符号下标 1 和 2 分别代表系统的进口和出口两个截面。

不可压缩流体的机械能衡算方程，应用于各种具体情况下可做适当简化。

（1）当流体为理想液体时，上两式可简化为：

$$gz_1 + \frac{p_1}{\rho} + \frac{u_1^2}{2} = gz_2 + \frac{p_2}{\rho} + \frac{u_2^2}{2}$$

$$z_1 + \frac{p_1}{\rho g} + \frac{u_1^2}{2g} = z_2 + \frac{p_2}{\rho g} + \frac{u_2^2}{2g}$$

（2）当流体流经的系统为一水平装置的管道时，则又可简化为：

$$\frac{p_1}{\rho} + \frac{1}{2}u_1^2 = \frac{p_2}{\rho} + \frac{1}{2}u_2^2 + \sum hf$$

$$\frac{p_1}{\rho g} + \frac{u_1^2}{2g} = \frac{p_2}{\rho g} + \frac{u_2^2}{2g} + \sum Hf$$

（3）当流体处于静止状态时，则可简化为：

$$\frac{p_1}{\rho} + gz_1 = \frac{p_2}{\rho} + gz_2$$

$$\frac{p_1}{\rho g} + z_1 = \frac{p_2}{\rho g} + z_2$$

或者将以上公式改写为：

$$p_1+pgz_1=p_2+pgz_2$$

三、实验装置

本实验装置主要由实验导管、稳压溢流水槽和 3 对测压管组成。

实验导管为一水平装置的变径圆管，沿程分 3 处设置测压管。每处测压管由一对并列的测压管组成，分别测量该截面处的静压头和冲压头。

实验装置的流程如下：液体由稳压水槽流入实验导管，途经直径分别为 20cm、30cm 和 20mm 的管道，最后排出设备。流体流量由出口调节阀调节，流量需要直接计时测量体积进行计算。

四、实验方法

实验前，先缓慢开启进水阀，将水充满稳压溢流水槽，并保持有适量溢流水流出，使槽内液面平稳不变。同时，排尽管道内的气泡。

实验可按如下步骤进行。

第一步，关闭实验导管出口调节阀，观察和测量液体处于静止状态时各测试点（A、B 和 C）的压头。

第二步，开启实验导管出口调节阀，观察比较液体在流动状态下各测试点的压头变化。

第三步，缓慢调节实验导管的出口调节阀，测量流体在不同流量下各测试点的静压头、动压头和压头损失。

实验过程中必须注意如下几点。

（1）实验前一定要将实验导管和测压管中的气泡排除干净，否则会干扰实验现象和测量的准确性。

（2）开启调节阀时一定要缓慢地调节开启程度，并随时注意设备内的变化。

（3）实验过程中要根据测压管量程范围，确定最小和最大流量。

（4）为了便于观察测压管的液柱高度，可在临实验测定前向各测压管滴入几滴红墨水。

实验二 离心泵特性曲线的测定实验

课件资源

一、实验目的

在食品加工过程中，经常需要各种输送机械来输送流体。根据不同使用场合和操作要求，应选择相应型式的流体输送机械，其中离心泵是最为常用的液体输送机械。离心泵的特性由厂家通过实验直接测定，并提供给用户。

本实验采用单级单吸离心泵装置，实验测定在一定转速下泵的特性曲线，旨在使操作者通过实验了解离心泵的构造、安装流程和正常的操作过程，掌握离心泵各项主要特性及其相互关系，进而加深对离心泵的性能和操作原理的理解。

二、实验原理

离心泵主要特性参数有流量、扬程、功率和效率。这些参数不仅表征泵的性能，也是选择和正确使用泵的主要依据。

（一）泵的流量

泵的流量即泵的送液能力，是指单位时间内泵所排出的液体体积。泵的流量可直接由一定时间（t）内排出液体的体积（V）或质量（m）来测定。计算方程为：

$$q_v = \frac{V}{t} \ \text{或} \ q_v = \frac{m}{\rho t}$$

泵的输送系统中安装有经过标定的流量计，流量大小由压差计显示，流量 q_v 与倒置 U 型管压差计读数 R 之间存在如下关系：

$$q_v = C_0 A_0 \sqrt{2gR}$$

式中：C_0 为孔板流量因数；A_0 为孔板的锐孔面积（m^2）。

（二）泵的扬程

泵的扬程即总压头，表示单位质量液体从泵中获得的机械能。

若以泵的压出管路中装有压力表处为 B 截面，以吸入管路中装有真空表处为 A 截面，并在两截面之间列机械能衡算式，则可得出泵扬程 H 的计算公式：

$$H = \Delta z + \frac{p_B - p_A}{pg} + \frac{u_B^2 - u_A^2}{2g} + \sum Hf$$

式中：p_B 为由压力表测得的表压（Pa）；p_A 为由真空表测得的真空度（Pa）；Δz 为 A、B 两个截面之间的垂直距离（m）；u_A 为 A 截面处的液体流速（m/s）；u_B 为 B 截面处的液体流速（m/s）。

（三）泵的功率

在单位时间内，液体从泵中实际获得的功，即为泵的有效功率。若测得泵的流量为 q_v，扬程为 H，被输送液体的密度为 ρ，则泵的有效功率可按下式计算。

$$P_e = q_v H \rho g$$

泵轴所做的实际功率不可能全部为被输送液体所获得，其中部分消耗于泵内的能量损失。电动机所消耗的功率又大于泵轴所做出的实际功率。电机所消耗的功率可直接由输入电压 U 和电流 I 测得，即：

$$P = UI$$

（四）泵的总效率

泵的总效率可由测得的泵有效功率和电机实际消耗功率计算得出：

$$\eta = \frac{P_e}{P}$$

这时得到的泵的总效率除了泵的效率外，还包括传动效率和电机的效率。

（五）泵的特性曲线

上述各项泵的特性参数并不是孤立的，而是相互制约的。因此，为了准确、全面地表征离心泵的性能，须在一定转速下将实验测得的各项参数，即 H、P、η 与 q_v 之间的变化关系标绘成一组曲线。这组关系曲线称为离心泵特性曲线，如图 2-1 所示。离心泵特性曲线使离心泵的操作性能有了完整的概念，并可由此确定泵的最适宜操作状况。

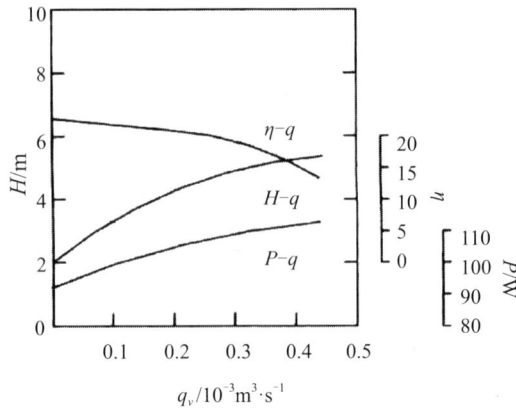

图 2-1 离心泵特性曲线

通常，离心泵在恒定转速下运转，因此泵的特性曲线是在一定转速下测得的。若改变了转速，泵的特性曲线也将随之而异。泵的流量 q_v、扬程 H、有效功率 P_e 与转速 n 之间，大致存在如下比例关系：

$$\frac{q_v}{q_v'} = \left(\frac{n}{n'}\right)^3 ; \quad \frac{H}{H'} = \left(\frac{n}{n'}\right)^3 ; \quad \frac{P_e}{P_e'} = \left(\frac{n}{n'}\right)^3$$

三、实验装置

本实验装置主体设备为一台单级单吸离心水泵。为了便于观察，泵壳端盖用透明材料制成。电动机直接连接半敞式叶轮。离心泵与循环水槽、分水槽和各种测量仪表构成一个测试系统。

泵将循环水槽中的水通过吸入导管吸入泵体。在吸入导管上端装有真空表，下端装有底阀（单向阀）。底阀的作用是当注水槽向泵体内注水时，防止水漏出。水由泵的出口进入压出导管，压出导管沿程装有压力表、调节阀和孔板流量计，由压出导管流出的水，用转向弯管送入分流槽。分流槽分为二格，其中一格的水可流出用以计量，另一格的水可流回循环水槽。根据实验内容不同可用转向弯管进行切换。

四、实验方法

在离心泵性能测定前，按下列步骤进行启动操作。

打开注水槽下的阀门，将水灌入泵内。在灌水过程中，须打开调节阀，将泵内空气排除。当从透明端盖中观察到泵内已灌满水后，将注水阀门关闭。

启动前，先确认泵出口调节阀关闭，变压器调回零点，然后合闸接通电源。缓慢调节变压器至额定电压（220V），泵随之启动。

泵启动后，叶轮旋转无振动和噪声，电压表、电流表、压力表和真空表指示稳定，则表明运行已经正常，即可投入实验。

实验时，逐渐、分步调节泵出口调节阀。每调定一次阀的开启度，待状况稳定后，才可进行以下测量。

（1）在出水转向弯头处，由分水槽的回流格拨向排水格的同时，用秒表计取时间，用容器接取一定水量。用称量取体积的方法测定水的体积。

（2）从压力表和真空表上读取压力和真空度的数值。

（3）记取孔板流量计的压差计读数。

（4）从电压表和电流表上读取电压和电流值。

在泵的全部流量范围内，可分成 8～10 组数据进行测量。实验完毕，应先将泵出口调节阀关闭，再将调压变压器调回零点，最后切断电源。

实验三　流体黏度的测定实验

一、实验目的

掌握旋转法测定液体黏度的因素，了解影响牛顿型流体和非牛顿型流体黏度的因素。

二、实验原理

同步电机以稳定的速度旋转，连接刻度圆盘，再通过游丝和转轴带动转子旋转。如果转子未受到液体的阻力，则游丝、指针与刻度圆盘同速旋转，指针在刻度盘上指出的读数为"0"。反之，如果转子受到液体的黏滞阻力，则游丝产生扭矩，与黏滞阻力相抗最后达到平衡，这时与游丝连接的指针在刻度圆盘上指示一定的读数（游丝的扭转角），将读数乘以特定的系数，即得到液体的黏度（mPa/s）。

三、实验装置

NDJ-1 型旋转式黏度计（图 2-2）、ZWQ1 型晶体管、直流电源、烧杯、温度计、聚乙烯醇。

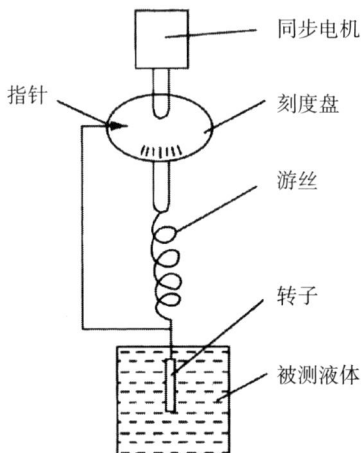

图 2-2　NDJ-1 型旋转式黏度计

四、实验方法

（1）准备被测液体，置于直径不小于 70mm 的烧杯或直筒形容器中，准确地控制被测液体温度。

（2）将保护架装在仪器上（顺时针方向旋入装上，逆时针方向旋出卸下）。

（3）将选配好的转子旋入连接螺杆（逆时针方向旋入装上，顺时针方向旋出卸下）。旋转升降旋钮，使仪器缓慢下降，转子逐渐浸入被测液体中，直至转子液面标志和液面相平，调整仪器至水平。按下指针控制杆，开启电机开关，转动变速旋钮，使所需转速增加，直至对准速度指示点，放松指针控制杆，使转子在液体中旋转。经过多次旋转（一般 20～30s），待指针趋于稳定（或按规定时间进行读数），按下指针控制杆（注意：不得用力过猛；转速慢时可不利用控制杆，直接读数）使读数固定，再关闭电机，使指针停在读数窗内，读取读数。若电机关停后指针不处于读数窗内时，可继续按住指针控制杆，反复开启和关闭电机，经几次练习即能熟练掌握，使指针停于读数窗内，读取读数。

实验四　管道流体阻力测定实验

一、实验目的

研究管路系统中的流体流动和输送过程中重要的阻力问题，确定流体在流动过程中的机械能损耗。

流体流动时造成的机械能损耗（压头损失），主要源于管路系统中存在各种阻力。管路中的各种阻力可分为沿程直管阻力和局部阻力两大类。本实验的目的就是以实验方法直接测定摩擦因数 λ 和局部阻力因数 ζ。

二、实验原理

当不可压缩流体在圆形导管中流动时，在管路系统内任意两个截面之间列出机械能衡算方程：

$$gz_1 + \frac{p_1}{\rho} + \frac{u_1^2}{2} = gz_2 + \frac{p_2}{\rho} + \frac{u_2^2}{2} + \sum hf \ \text{或} \ z_1 + \frac{p_1}{\rho g} + \frac{u_1^2}{2g} = z_2 + \frac{p_2}{\rho g} + \frac{u_2^2}{2g} + \sum Hf$$

式中：z 为流体的位压头（m）；p 为流体的压强（Pa）；u 为流体的平均流速（m/s）；ρ 为流体的密度（kg/m³）；g 为重力加速度（m/s²）；$\sum hf$ 为流动系数内因阻力造成的能量损失（J/kg）；$\sum Hf$ 为流动系数内因阻力造成的压头损失（m）；符号下标 1 和 2 分别表示上游和下游截面上的数值。

如果将水作为实验物系，则可将水视为不可压缩流体；实验导管是按水平装置的，则 $z_1=z_2$；实验导管的上下游截面上的横截面积相同，则 $u_1=u_2$。

因此上两式分别可简化为：

$$\sum hf = \frac{p_1 - p_2}{\rho} \text{ 或 } \sum Hf = \frac{p_1 - p_2}{\rho g}$$

由此可见，因阻力造成的能量损失，可由管路系统两截面之间的压力差来测定。

当流体在圆形直管内流动时，流体因摩擦阻力所造成的能量损失，有如下一般关系式：

$$\sum hf = \frac{p_1 - p_2}{\rho} = \lambda \cdot \frac{l}{d} \cdot \frac{u^2}{2} \text{ 或 } \sum Hf = \frac{p_1 - p_2}{\rho g} = \lambda \cdot \frac{l}{d} \cdot \frac{u^2}{2g}$$

式中：d 为圆形直管的管径（m）；l 为圆形直管的长度（m）；λ 为摩擦因数，量纲为 1。

实验研究表明，摩擦系数 λ 与流体的密度 ρ、黏度 μ、管径 d、平均流速 u 和管壁粗糙度 ε 有关。应用量纲分析法，可以得出摩擦因数与雷诺数和管壁相对粗糙度 ε/d 存在函数关系，即 $\lambda = f(Re, \varepsilon/d)$。

通过实验测得 λ 和 Re 数据，可以在双对数坐标上标绘出实验曲线。当 $Re < 2000$ 时，摩擦因数 λ 与管壁粗糙度 e 无关。当流体在直管中呈湍流时，λ 不仅与雷诺数有关，而且与管壁相对粗糙度有关。

当流体流过管路系统时，因遇各种管件、阀门和测量仪表等而产生局部阻力，所造成的能量损失，有如下一般关系式：

$$\sum hf' = \zeta \frac{u^2}{2} \text{ 或 } \sum Hf' = \zeta \frac{u^2}{2g}$$

式中：u 为管件中流体的平均流速（m/s）；ζ 为局部阻力因数，量纲为 1。

由于造成局部阻力的原因和条件极为复杂，各种局部阻力因数的具体数值需要通过实验直接测定。

三、实验装置

本实验装置主要是由循环水系统、试验管路系统和高位排气水槽串联组合而成，每条测试管的测压口通过转换阀组与压差计连通。

压差由一倒置 U 型水柱压差计显示。孔板流量计的读数由另一倒置 U 型水柱压差计显示。

试验管路系统是由 5 条玻璃直管平行排列，经 U 型弯管串联连接而成，分别配置光滑管、粗糙管、突扩与突缩管、阀门和孔板流量计。每根试验管测试段长度，即两测压口距离均为 0.6m。

实验用水方面，用循环水泵或直接用自来水由循环水槽送入试验管路系统，由下而上依次流经各种流体阻力试验管，最后流入高位排气水槽。由高位排气水槽溢流出来的水，返回循环水槽。

水在试验管路中的流速，通过调节阀加以调节。流量由试验管路中的孔板流量计测量，并由压差计显示读数。

四、实验方法

（一）实验前准备工作

实验前须对孔板流量计进行标定，绘出流量标定曲线。

在高位排气水槽中悬挂一支温度计，用以测量水的温度。

先将水灌满循环水槽，然后关闭实验导管入口的调节阀，再启动循环水泵。待泵运转正常后，先将实验导管中的旋塞阀全部打开，并关闭转换阀组中的全部旋塞，然后缓慢开启实验导管的入口调节阀。当水流满整个实验导管，并在高位排气水槽中有溢流水排出时，关闭调节阀，停泵。

逐一检查并排除实验导管和连接管线中可能存在的空气泡。排除空气泡的方法是先将转换阀组中被检一组的测压口旋塞打开，然后打开倒置 U 型水柱压差计顶部的放空阀，直至排尽空气泡再关闭放空阀。必要时可在流体流动状态下，按上述方法排除空气泡。

调节倒置 U 型水柱压差计的水柱高度。可由压差计顶部的放空处，滴入几滴红墨水，将压差计水柱染红。先将转换阀组上的旋塞全部关闭，然后打开压差计顶部放空阀，再缓慢开启转换阀组中的放空阀，这时压差计中的液面徐徐下降。当压差计中的水柱高度居于标尺中间部位时，关闭转换阀组中的放空阀。

（二）实验操作步骤

第一步，先检查实验导管中旋塞是否置于全开位置，其余测压旋塞和调节阀是否全部关闭。检查完毕启动循环水泵。

第二步，根据需要缓慢开启调节阀调节流量，流量大小由孔板流量计的压差计显示。

第三步，待流量稳定后，将转换阀组中与需要测定管路相连的一组旋塞置于全开位置，这时测压口与倒置 U 型水柱压差计接通，即可记录由压差计显示的压力降。

第四步，当需改换测试部位时，只需将转换阀组由一组旋塞切换为另一组旋塞。

第五步，改变流量，重复上述操作，测得各实验导管中不同流速下的压力降。

（三）实验注意事项

实验前务必将系统内存留的气泡排除干净，否则实验不能达到预期效果。

若实验装置放置不用时，应将管路系统和水槽内的水排放干净。

实验五　压力表校验实验

一、实验目的

了解压力表标定与校验的常用方法；熟悉活塞式压力计和压力表的构造，掌握压力表校验与调整的基本方法，通过计算仪表的误差与变差给被校的压力表作出鉴定；熟悉测试误差的类型、仪表精度、引用误差的概念。

二、实验原理

（一）压力表标定与校验原理

对于要出厂或者自行制造的压力、流量等仪表，都需要根据国家相关标准进行标定；在使用了一定期限后，也需要到检定部门进行校验，只有校验合格才可以继续使用。

对流量、压力仪表的标定与校验，一般有两类方法：间接法和基准表法。间接法就是利用流量或压力定义公式，通过其他高精度基准来间接计算而对比的方法；基准表法是应用另外一块高精度仪表测量同一流体流量或压力，从而对比校

验的方法 ●。

用活塞式压力计校验压力表原理如下：活塞式压力计是应用静压平衡原理的计量仪器，即活塞本身和加在活塞上的专用砝码质量（G）作用在活塞面积（F）上所产生的压力（p）与液压容器内所产生的压力相平衡，来测定被校验仪表的压力大小，即 $p=G/F$。只有在所有校验点上仪表额定相对误差和回差都符合该仪表准确度等级要求时，才能认为该仪表合格。若不符合该仪表准确度等级要求，则须进行调整与维修。

（二）弹簧管压力表测压原理

弹簧管压力表的测量范围极广，品种规格繁多。按其使用的测压元件不同，可分为单圈弹簧管压力表与多圈弹簧管压力表。按其用途不同，除普通弹簧管压力表外，还有耐腐蚀的氨用压力表、禁油的氧气压力表等。它们的外形与结构基本上是相同的，只是使用的材料有所不同，弹簧管压力表的结构如图 2-3 所示。

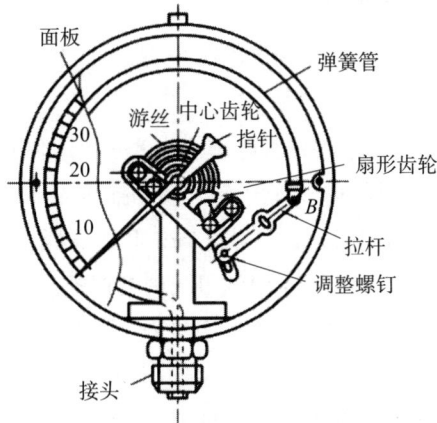

图 2-3 弹簧管压力表的结构

三、实验装置

压力表校验实验装置如图 2-4 所示。

● 赵秋萍、李春雷：《化工原理实验》，西南交通大学出版社，2014，第 111 页。

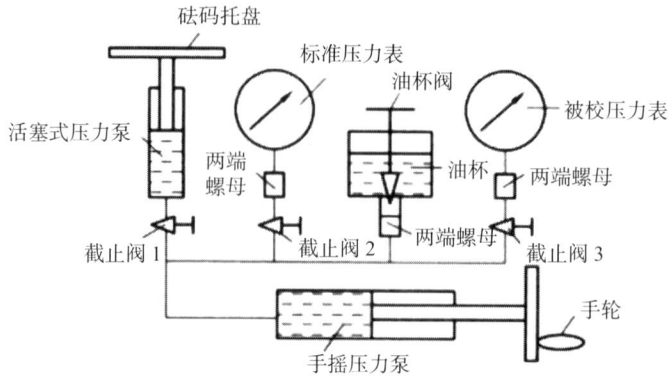

图 2-4 压力表校验实验装置

四、实验方法

（一）方法一：利用砝码检验被校压力表

（1）观察底座是否水平，利用水平调节螺丝来校准水平，使水平气泡位于中心位置。

（2）旋转手轮，检查油路是否通畅，若无问题，装上被检验压力表。

（3）打开油杯进油阀门，左旋手轮，使手摇压力泵油缸内充满油液。

（4）关闭油杯进油阀门，打开截止阀 1 和截止阀 3，右旋手轮产生初压，使承重托盘升起，直到与定位指示筒的墨线刻度相齐。

（5）增加砝码质量，使之产生所需的校验压力。增加砝码时，须相应转动压力泵手轮，以免承重托盘下降。

（6）一般校验零点、满度及满度的 25%、50%、75% 三点，共校验五点，首先按正行程（由小到大）校验，然后按反行程（由大到小）校验，重复做两次，同时读取并记录被校表和标准压力表的示值。

（7）校验完毕，左旋手轮，逐步卸去砝码，最后打开油杯阀门，卸去全部砝码，右旋手轮，使油路中的油液回归到油缸中，最后关闭所有阀门。

（二）方法二：利用标准压力表检验被校压力表

（1）检察底座是否水平，利用水平调节螺丝来校准水平，使水平气泡位于中心位置。

（2）转手轮，检察油路是否通畅，若无问题，装上被检验压力表。

（3）打开油杯进油阀门，左旋手轮，使手摇压力泵油缸内充满油液。

（4）关闭油杯进油阀门，打开截止阀2和截止阀3，右旋手轮产生初压。

（5）不断右旋手轮，使之产生所需的校验压力。当标准压力表的指针指向某一刻度，如1时，被校压力表的指针所指的刻度值就是该压力表压力为1时实际对应的压力值。如此进行下去，可检验出被校压力表所有压力对应的准确位置。

（6）一般校验零点、满度及满度的25%、50%、75%三点，共校验五点。首先按正行程（由小到大）校验，然后按反行程（由大到小）校验，重复做两次，同时读取并记录被校表和标准压力表的示值。

（7）校验完毕，左旋手轮，打开油杯阀门，右旋手轮使油路中的油液回归到油缸中，最后关闭所有阀门。

特别注意：严禁不按照步骤超压操作，以防压力表的弹性元件超出弹性极限，发生塑性变形，损坏仪表。

实验六　填料塔流体力学性能实验

课 件 资 源

填料塔是一种应用广泛、结构简单的气液传质设备。填料塔运作时，气体由下而上连续通过填料层孔隙，液体则沿填料表面流下，形成相接触界面并进行传质。

一、实验目的

了解填料塔的结构及工作原理；观察填料吸收塔的流体力学状况，了解其压降规律；掌握填料吸收塔干填料层和湿填料层（$\Delta p/Z$）$-u$ 关系曲线的测定方法。

二、实验原理

在逆流操作的填料塔内，液体从塔顶喷淋下来，依靠重力在填料表面做膜状运动，液膜与填料表面的摩擦及液膜与上升气体的摩擦构成了液膜流动的阻力，引起填料层的压降。压降是塔设计中的重要参数，气体通过填料层压降的大小，决定了塔的动力消耗。

气体通过干填料层时，流体流动引起的压降和湍流流动引起的压降规律一致。在双对数坐标系中，将压降对气速作图可得到一条斜率为 1.8～2 的直线。而有喷淋量时，在低气速时，压降与气速的 1.8～2 次幂成正比，但大于同一气速下干填料的压降，即恒持液量区。

随着气速增加，出现载点，持液量开始增大，为载液区。压降—气速线向上弯曲，斜率变陡。到液泛点后，在几乎不变的气速下，压降急剧上升，发生液泛，即液泛区。

（一）空塔气速的计算

$$u = \frac{Q_0}{A}$$

式中：u 为空塔气速（m/s）；Q_0 为标准状态下空气的体积流量（m³/s）；A 为填料塔的截面积（m²），$A = \frac{\pi}{4}D^2$，D 为填料塔塔径（0.037m）。

$$Q_0 = Q_1 \frac{T_0}{p_0} \sqrt{\frac{p_1}{T_1} \cdot \frac{p_2}{T_2}}$$

式中：Q_1 为空气转子流量计示值（m³/s）；T_0，p_0 为分别为标准状态下的温度和压力（273K，760mmHg）；T_1，p_1 为分别为标定状态下的温度和压力（293K，760mmHg）；T_2，p_2 为分别为操作状态下的温度和压力。

（二）每米填料层的压降

$$压降 = \frac{\Delta p}{Z}$$

式中：Δp 为填料层压差（mmH₂O）；Z 为填料层高度（0.60m）。

三、实验装置

填料塔流体力学性能实验装置如图2-5所示。

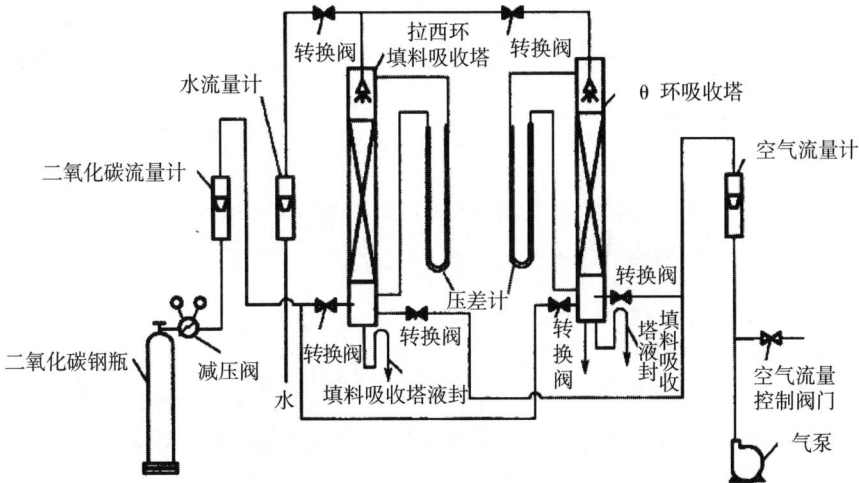

图2-5 填料塔流体力学性能实验装置

四、实验方法

第一步，打开阀门，调节吸收塔液封高度（与操作的水流量相对应）。

第二步，打开二氧化碳钢瓶顶上的针阀，将压力调到1MPa，二氧化碳流量一般控制在$0.1m^3/h$左右为宜，调节水流量计到给定值，操作达到定常状态之后，测量两塔底的水温，同时测定塔底溶液中二氧化碳的含量。

第三步，保持二氧化碳流量不变，改变吸收水流量，重复第二步的操作。

实验过程中须注意以下事项。

（1）注意二氧化碳气体钢瓶的使用，先开总阀，后开安全阀，关闭时先关总阀，后关安全阀。

（2）注意室内空气畅通，防止高浓度二氧化碳气体中毒。

（3）对塔顶和塔底溶液取样后，应立即进行滴定，防止二氧化碳气体解吸。

（4）在滴定过程中，注意盐酸具有腐蚀性。

实验七　填料塔吸收传质系数的测定

课件资源

一、实验目的

了解填料塔吸收装置的基本结构及流程；掌握填料塔流体力学特性；掌握填料吸收塔的吸收总传质系数的测定方法。

二、实验内容

测定干填料层及两种不同液体喷淋密度下单位床层压降 $\Delta p/Z$ 与空塔气速 u 的关系曲线，并确定液泛气速。

测量在固定气体流量、不同液体喷淋密度时，用水吸收空气—CO_2 混合气体中 CO_2 的总传质单元数 N_{OL} 和体积吸收系数 K_{xa}。

三、实验原理

（一）填料塔流体力学性能的测定

填料塔通常采用圆柱形塔体，在塔内，填料装填在栅板式填料支承装置上形成填料层，装置采用了金属丝网波纹填料。气体一般由塔的下方进入，通过支撑板向上通过填料层；液体入塔后通过塔上方的分布器均匀喷洒在填料层上，在填料表面形成液膜，并使从塔底上升的气体增强湍动，为气液接触传质提供良好的条件。

填料塔传质性能好坏与操作条件密切相关，该方面性能的直接体现就是填料塔的流体力学特性，包括填料层压降和液泛规律。气体通过单位高度填料层的压降 $\Delta p/Z$ 与空塔气速 u 的关系为

$$\Delta p/Z = un$$

在双对数坐标中（$\Delta p/Z$）-u 应为一条直线，直线斜率为 n。（$\Delta p/Z$）-u 关系曲线受喷淋密度影响，对干填料层，n 值为 1.8～2.0，在有喷淋液时，随喷淋量增加，n 值增加，最大可达到 10 左右。在 n 取值较大时，随空塔气速增加，床层压降迅速增加，直至造成液泛，破坏操作。测定填料层（$\Delta p/Z$）-u 曲线成为控制操作气速和喷淋密度的必要前提。本实验以水和空气为介质，通过测定干填料及不同液体喷淋密度下的压降与空塔气速，了解填料塔的压降与空塔气速的关系及不同液体流量下的液泛点。

（二）体积吸收系数 K_{xa} 的测定

气体吸收是典型的传质过程之一。吸收过程是依据气相中各溶质组分在液相中溶解度的不同而分离气体混合物的单元操作。在化学工业中，吸收操作广泛用于气体原料净化、有用组分回收、产品制备和废气治理等方面。本实验将水作为吸收剂，用于吸收空气中的 CO_2 组分。该实验是为了让同学们了解工厂处理含 CO_2 废气并合理绿色排放的过程；同时理解气液传质的过程和传质系数测定的方法。由于 CO_2 在水中的溶解度很小，所以吸收的计算方法可按低浓度气体吸收过程来处理，并且此体系 CO_2 气体的吸收过程属于液膜控制。因此，本实验主要测定传质单元数 N_{OL} 和体积吸收系数 K_{xa}。

填料塔在特定条件下的吸收能力可以用填料层的体积吸收系数表示。在满足低浓度吸收假定，塔正常逆流操作时，填料层高度 Z 的计算式为：

$$Z = H_{OL} \cdot N_{OL} = \frac{L}{K_{xa}} \cdot \frac{x_{出} - x_{入}}{\Delta x_m}$$

式中：L 为通过单位面积床层的液体流量（液流密度）[kmol/（$m^2 \cdot s$）]；$x_入$、$x_出$为入、出塔的液相摩尔分率，无因次；H_{OL} 为液相传质单元高度（m）；N_{OL} 为液相传质单元数，无因次；K_{xa} 为液相体积传质系数 [kmol/（$m^3 \cdot s$）]。

液相传质平均推动力 Δx_m 的计算式为：

$$\Delta x_m = \frac{\Delta x_入 - \Delta x_出}{\ln \dfrac{\Delta x_入}{\Delta x_出}}$$

本实验的平衡关系可写成：

$$y = mx$$

式中：m 为相平衡常数，$m = E/p$（kPa），$E = f(t)$（kPa），E 为亨利系数，随温度的变化而变化，t 是温度（℃），E 和 t 成正相关，可通过查表直接得出；p

为总压，101.3kPa，取 1atm。

测定吸收塔稳态操作时进出塔的气体流量和液体流量，根据床层直径 D 可计算气、液流密度 G、L，本实验采用转子流量计测得空气和水的流量，并根据实验条件（温度和压力）和有关公式换算成空气和水的摩尔流量。

测定塔顶和塔底气相组成 $y_{出}$、$y_{入}$，根据物料衡算计算 $x_{入}$、$x_{出}$。对清水而言，$x_入$=0，由全塔物料衡算式可得 $x_{出}$。

$$G\left(y_入-y_出\right)=L\left(x_出-x_入\right)$$

计算出 N_{OL} 之后，根据填料层高度 Z 和 $\Delta x_m = \dfrac{\Delta x_入 - \Delta x_出}{\ln\dfrac{\Delta x_入}{\Delta x_出}}$，即可得到总体积吸收系数 K_{xa}。

四、实验装置

（一）装置流程

实验装置流程如图 2-6 所示。

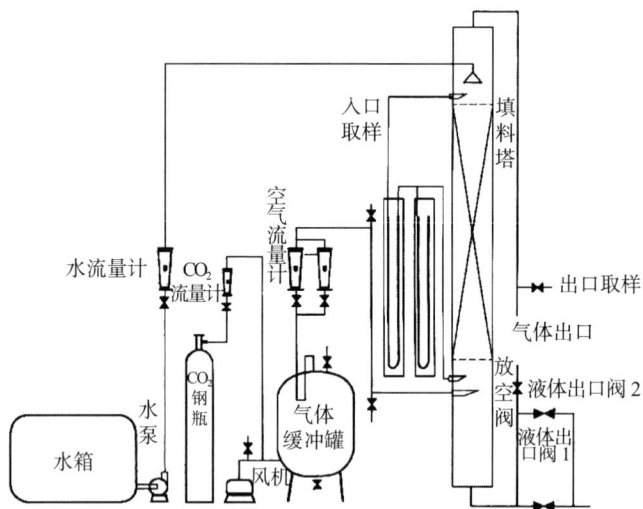

图 2-6 吸收实验装置流程

吸收剂水从自来水水源经水箱由水泵送入填料塔塔顶，使用喷头喷淋在填料顶层。由风机送来的空气和由 CO_2 钢瓶来的 CO_2 混合后，一起进入气体混合罐，然后进入塔底，与水在塔内进行逆流接触，进行质量和热量的交换，由塔顶出来的尾气放空。由于本实验为低浓度气体的吸收，所以热量交换可略，整个实验过程可看成等温操作。

（二）主要设备参数

1. 吸收塔

高效填料塔，塔径 100mm，塔内装有金属丝网波纹规整填料，填料层总高度 2000mm，塔顶部有液体初始分布器，塔中部有液体再分布器，塔底部有栅板式填料支承装置。填料塔底部有液封装置，以避免气体泄漏。

2. 填料规格和特性

金属丝网波纹规整填料，型号为 JWB-700Y。

3. 转子流量计（表 2-1）

表 2-1　转子流量计参数

介质	条件			
	最大流量	最小刻度	标定介质	标定条件
CO_2	8L/min	0.2L/min	空气	2℃，1.0133×10^5 Pa
空气	4m³/h	0.5m³/h	空气	2℃，1.0133×10^5 Pa
空气	25m³/h	2.5m³/h	空气	2℃，1.0133×10^5 Pa
水	1000L/h	100L/h	水	2℃，1.0133×10^5 Pa

4. 其他

空气风机、旋涡式气泵、CO_2 钢瓶、奥氏分析仪。

五、实验方法

第一步，熟悉实验流程，并弄清奥氏分析仪的操作方法。

第二步，打开混合罐底部排空阀，放掉空气混合贮罐中的冷凝水，然后关闭该阀门。

第三步，打开仪表电源开关及风机电源开关，进行仪表自检。

第四步，测定干填料层（$\Delta p/Z$）-u 关系曲线。全开气体旁路阀后，启动鼓风机，利用空气流量计组合调节进塔的空气流量，按空气流量从小到大的顺序读取填料层压降 Δp、空气静压力及空气温度；对空气流量进行校正后，在双对数坐标纸上以空塔气速 u 为横坐标，以单位填料层高度上的压降 $\Delta p/Z$ 为纵坐标，绘制干填料层压降关系曲线。

第五步，测量一定喷淋液流量下填料层（$\Delta p/Z$）-u 关系曲线。缓慢增大气速，直至接近液泛，使填料充分润湿，然后降低到预定气速，在水喷淋量分别为 $0.5m^3/h$ 和 $0.8m^3/h$ 的条件下进行测定，采用上述相同方法读取空气流量、空气静压力、空气温度和填料层压降数据，绘制湿填料层压降关系曲线。

第六步，测定液相总传质单元数 N_{OL} 和液相总体积吸收系数 K_{xa}。打开 CO_2 钢瓶总阀，缓慢调节钢瓶的减压阀。选择适宜的空气流量和水流量，建议水流量为 $0.6m^3/h$。空气取液泛流量的 75%，建议为 $3m^3/h$。调整混合气体中 CO_2 的摩尔分率为 0.1，可根据空气流量计读数，调节 CO_2 流量为 5L/min。系统达到稳定后，同时读取各流量计读数、塔内压力与气液温度，并分别在塔进出口抽取气体样品，注意取样时尽量不要破坏塔内稳定。

第七步，用奥氏分析仪或红外传感器测定样品气体浓度。使用奥氏分析仪时，必须先熟悉其组成及原理，明确各旋塞的通向及功能，检查系统是否漏气。

第八步，实验完毕，先关闭水转子流量计、进水阀门，再关闭 CO_2 转子流量计和钢瓶，然后关闭空气转子流量计及风机电源开关，先关水再关气的目的是防止液体从进气口倒压破坏管路及仪器，最后清理实验仪器和实验场地。

实验八　冷库制冷系统制冷系数测定

课件资源

一、实验目的

通过实验加深对制冷基本原理的理解，掌握制冷系数的测定方法，比较不同操作条件下制冷系数的异同。

二、实验原理

冷库制冷循环的压—比焓图和温熵图可在图 2-7 上表示出来，制冷剂的低压蒸汽在压缩机气缸内压缩成高压过热蒸汽（等熵过程，图 2-7 中 1 → 2）。经过油分离器后，进入冷凝器冷却，冷凝成氨液，把热量传递给水（等压过程，图 2-7 中 2 → 3）。高压氨液从贮氨器经调节站通过膨胀阀节流降压（等比焓过程，图 2-7 中 3 → 4）。在氨液分离器分离后，进入冷排，发生冷效应（等压等温过程，图 2-7 中 4 → 1），使冷库内的空气及物料温度下降。从蒸发器出来的低温低压蒸汽经过氨液分离器后分离出液体，再进入压缩机压缩。

整个制冷循环可在压—比焓图及温熵图上表示出来，如图 2-7 所示。

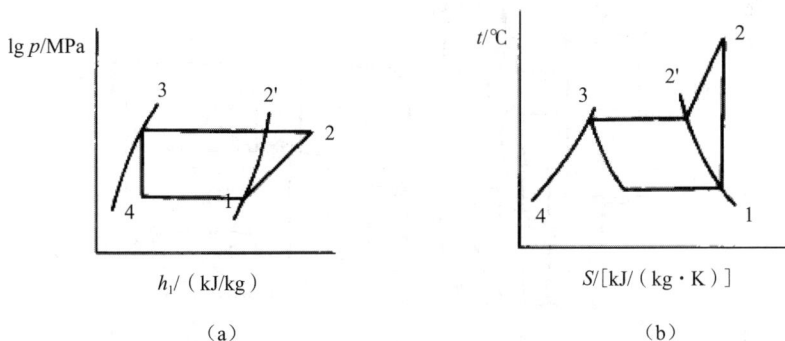

（a）　　　　　　　　　　　　（b）

图 2-7　冷库制冷循环的压—比焓图和温熵图

制冷循环的制冷系数可由下面的公式算出。

（一）理论制冷系数 ε_t

$$\varepsilon_t = \frac{h_1 - h_4}{h_2 - h_1}$$

式中：h_1、h_2、h_4 分别指与图 2-7（a）中状态点 1、2、4 相对应的比焓值。

（二）实际制冷系数 ε

$$\varepsilon = \frac{Q_1}{P}$$

式中：Q_1 为制冷机制冷量，已知蒸发温度可由压缩制冷机性能曲线查出（kW）；P 为压缩机的功耗，可由电度表间接得到（kW）。

（三）与操作条件相同的理想循环制冷系数 ε_i

$$\varepsilon_i = \frac{T_1}{T_2 - T_1}$$

式中：T_1 为蒸发温度（K）；T_2 为冷凝温度（K）。

三、实验装置

冷库制冷系统流程如图 2-8 所示，在冷凝器和蒸发器上均装有压力表可供调节时参考。

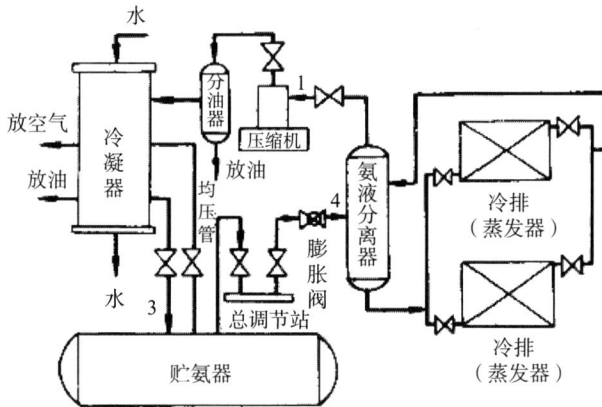

图 2-8　冷库制冷系统流程

四、实验步骤

（一）不同操作条件下同一制冷剂制冷系数的测定

1. 实验前的准备工作

（1）对制冷系统进行全面检查，如符合操作要求，可进行下面的操作。

（2）空转检查有无发热、噪声等异常现象。

（3）试漏检查，如有漏损立即修复。

（4）充灌制冷剂（氨），添加润滑油。

（5）对制冷系统进行总体调试。

2. 实验操作步骤

（1）调节压缩机排气阀开启度，使冷凝器内压强 P_2 维持恒定，并测出其大小。

（2）在 P_2 恒定的条件下，调节膨胀阀开启度，使蒸发器内压强适当改变，读取 5～6 组数据作为蒸发压强 P_1 的值。

（3）每调节一次 P_1，维持恒定一段时间，读取电度表读数 W。

（4）调节膨胀阀开启度，固定 P_1，并读出 P_1 的值。

（5）在 P_1 恒定的条件下，调节压缩机排气阀开启度，使 P_2 适当改变，读取 5～6 组数据为 P_2 的值。

（6）每调节一次 P_2，维持恒定一段时间，读取电度表读数 W。

（二）相同操作条件下不同制冷剂制冷系数的比较

1. 实验前的准备工作

（1）如有必要，重复实验前的准备工作。

（2）更换制冷剂（根据实际情况），添加润滑油。

2. 实验操作步骤

同不同操作条件下同一制冷剂制冷系数的测定步骤，注意使所控制压强对应相等，以方便进行比较。

实验九　空气—蒸汽给热系数的测定

课件资源

一、实验目的

了解间壁式传热元件，掌握给热系数测定的实验方法；掌握热电阻测温的方法，观察水蒸气在水平管外壁上的冷凝现象；学会给热系数测定的实验数据处理方法，了解影响给热系数的因素和强化传热的途径。

二、实验原理

在工业生产过程中，大部分情况下，冷、热流体系通过固体壁面（传热元件）进行的热量交换，称为间壁式传热。间壁式传热过程由热流体对固体壁面的对流传热、固体壁面的热传导和固体壁面对冷流体的对流传热所组成。达到传热稳定时，有：

$$Q = m_1 c_{P_1}(T_1 - T_2) = m_2 c_{P_2}(t_2 - t_1) = \alpha_1 A_1 (T - T_W)_m = \alpha_2 A_2 (t_W - t)_m = KA\Delta t_m$$

式中：Q 为传热量（J/s）；m_1 为热流体的质量流率（kg/s）；c_{P_1} 为热流体的比热容 $[J/(kg \cdot \text{℃})]$；T_1 为热流体的进口温度（℃）；T_2 为热流体的出口温度（℃）；m_2 为冷流体的质量流率（kg/s）；c_{P_2} 为冷流体的比热容 $[J/(kg \cdot \text{℃})]$；t_1 为冷流体的进口温度（℃）；t_2 为冷流体的出口温度（℃）；α_1 为热流体与固体壁面的对流给热系数 $[W/(m^2 \cdot \text{℃})]$；A_1 为热流体侧的对流传热面积（m^2）；$(T-T_W)_m$ 为热流体与固体壁面的对数平均温差（℃）；α_2 为冷流体与固体壁面的对流给热系数 $[W/(m^2 \cdot \text{℃})]$；A_2 为冷流体侧的对流传热面积（m^2）；$(t_W-t)_m$ 为固体壁面与冷流体的对数平均温差（℃）；K 为以传热面积 A 为基准的总给热系数 $[W/(m^2 \cdot \text{℃})]$；Δt_m 为冷热流体的对数平均温差（℃）。

热流体与固体壁面的对数平均温差可由下式计算：

$$(T - T_W)_m = \frac{(T_1 - T_{W_1}) - (T_2 - T_{W_2})}{\ln \dfrac{T_1 - T_{W_1}}{T_2 - T_{W_2}}}$$

式中：T_{W_1} 为冷流体进口处热流体侧的壁面温度（℃）；T_{W_2} 为冷流体出口处热流体侧的壁面温度（℃）。

固体壁面与冷流体的对数平均温差可由下式计算：

$$(t_W - t)_m = \frac{(t_{w_1} - t_1) - (t_{w_2} - t_2)}{\ln \dfrac{t_{w_1} - t_1}{t_{w_2} - t_2}}$$

式中：t_{w_1} 为冷流体进口处冷流体侧的壁面温度（℃）；t_{w_2} 为冷流体出口处冷流体侧的壁面温度（℃）。

热、冷流体间的对数平均温差可由下式计算：

$$\Delta t_m = \frac{(T_1 - t_2) - (T_2 - t_1)}{\ln \dfrac{T_1 - t_2}{T_2 - t_1}}$$

在套管式间壁换热器中，环隙通以水蒸气，管内通以冷空气或水进行对流给热系数测定实验时，则由下式得内管内壁面与冷空气或水的对流给热系数。

$$\alpha_2 = \frac{m_2 c_{P_2}(t_2 - t_1)}{A_2(t_w - t)_m}$$

测定紫铜管的壁温 t_{w_1}、t_{w_2}，冷空气或水的进出口温度 t_1、t_2，实验用紫铜管的长度 l，内径 d_2，$A_2 = \pi d_2 l$，冷流体的质量流量 m_2，即可计算 α_2。

然而，直接测量固体壁面的温度，尤其管内壁的温度，实验技术难度较大，而且测得的数据准确性也较差，会有较大的实验误差。因此，通过测量相对较易测定的冷热流体温度来间接推算流体与固体壁面间的对流给热系数就成为人们广泛采用的一种实验研究手段。

$$K = \frac{m_2 C_{P_2}(t_2 - t_1)}{A \Delta t_m}$$

测定 m_2、t_1、t_2、T_1、T_2，并查取 $t_{平均} = \dfrac{1}{2}(t_1 + t_2)$ 下冷流体对应的 C_{P_2}、换热面积 A，即可由上式计算得出总给热系数 K。

下面通过两种方法来求对流给热系数。

1. 近似法求算对流给热系数 α_2

以管内壁面积为基准的总给热系数与对流给热系数间的关系为

$$\frac{1}{K} = \frac{1}{\alpha_2} + R_{S_2} + \frac{bd_2}{\lambda d_m} + R_{S_1}\frac{d_2}{d_1} + \frac{d_2}{\alpha_1 d_1}$$

式中：d_1 为换热管外径（m）；d_2 为换热管内径（m）；d_m 为换热管的对数平均直径（m）；b 为换热管的壁厚（m）；λ 为换热管材料的热导率 $[W/(m \cdot ℃)]$；R_{S_1} 为换热管外侧的污垢热阻 $[(m^2 \cdot K)/W]$；R_{S_2} 为换热管内侧的污垢热阻 $[(m^2 \cdot K)/W]$。

用本装置进行实验时，管内冷流体与管壁间的对流给热系数为几十到几百 $W/(m^2 \cdot K)$；而管外围蒸气冷凝，冷凝给热系数 α_1 可高达 $10^4 W/(m^2 \cdot K)$ 左右，因此冷凝传热热阻 $\dfrac{d_2}{\alpha_1 d_1}$ 可忽略，同时蒸气冷凝较为清洁，因此换热管外侧

的污垢热阻 $R_{S_1}\dfrac{d_2}{d_1}$ 也可以忽略。实验中的传热元件材料采用紫铜，热导率为

383.8W/（m·K），壁厚为 2.5mm，因此换热管壁的导热热阻 $\dfrac{bd_2}{\lambda d_m}$ 可忽略。若

换热管内侧的污垢热阻 R_{S_2} 也忽略不计，则可得：

$$\alpha_2 \approx K$$

由此可见，被忽略的传热热阻与冷流体侧对流传热热阻相比越小，此法所得的准确性就越高。

2. 传热特征数关联式求算对流给热系数 α_2

对于流体在圆形直管内做强制湍流对流传热时，若符合如下范围 $Re=1.0\times10^4 \sim 1.2\times10^5$，$Pr=0.7\sim120$，管长与管内径之比 $l/d \geqslant 60$，则传热特征数经验式为：

$$Nu=0.023Re^{0.8}Pr^n$$

式中：Nu 为努塞尔数，$Nu=\dfrac{\alpha d}{\lambda}$，无量纲，$\alpha$ 为流体与固体壁面的对流给热系数 [W/（m^2·℃）]，d 为换热管内径（m），λ 为流体的热导率 [W/（m^2·℃）]；Re 为雷诺数，$Re=\dfrac{du\rho}{\mu}$，无量纲，u 为流体在管内流动的平均速度（m/s），ρ 为流体的密度（kg/m^3），μ 为流体的黏度（Pa·s）；Pr 为普兰特数，$Pr=\dfrac{c_P\mu}{\lambda}$，无量纲，$c_P$ 为流体的比热容 [J/（kg·℃）]；当流体被加热时 $n=0.4$，流体被冷却时 $n=0.3$。

水或空气在管内强制对流被加热时，可以将 $Nu=0.023Re^{0.8}Pr^n$ 改写为：

$$\frac{1}{\alpha_2}=\frac{1}{0.023}\times\left(\frac{\pi}{4}\right)^{0.8}d_2^{1.8}\frac{1}{\lambda_2 Pr_2^{0.4}}\left(\frac{\mu_2}{m_2}\right)^{0.8}$$

其中：

$$m=\frac{1}{0.023}\times\left(\frac{\pi}{4}\right)^{0.8}d_2^{1.8}$$

$$X=\frac{1}{\lambda_2 Pr_2^{0.4}}\left(\frac{\mu_2}{m_2}\right)^{0.8}$$

$$Y=\frac{1}{K}$$

$$C = R_{S_2} + \frac{bd_2}{\lambda d_m} + R_{S_1} \frac{d_2}{d_1} + \frac{d_2}{\alpha_1 d_1}$$

则 $\frac{1}{K} = \frac{1}{\alpha_2} + R_{S_2} + \frac{bd_2}{\lambda d_m} + R_{S_1} \frac{d_2}{d_1} + \frac{d_2}{\alpha_1 d_1}$ 可以写成：$Y = mX + C$。

测定管内不同流量下的对流给热系数时，可以计算得知 C 值为一常数。管内径 d_2 一定时，m 也为常数。因此，实验时测定不同流量所对应的 t_1、t_2、T_1、T_2，根据上述公式可以求取一系列 X、Y 值，再在 X-Y 图上作图或将所得的 X、Y 值回归成一直线，该直线的斜率即为 m。任一冷流体流量下的给热系数 α_2 可用下式求得：

$$\alpha_2 = \frac{\lambda_2 Pr_2^{0.4}}{m} \left(\frac{m_2}{\mu_2} \right)^{0.8}$$

3. 冷流体质量流量的测定

其一，若用转子流量计测定冷空气的流量，还须用下式换算得到实际的流量。

$$V' = V \sqrt{\frac{\rho(\rho_f - \rho')}{\rho'(\rho_f - \rho)}}$$

式中：V' 为实际被测流体的体积流量（m^3/s）；ρ' 为实际被测流体的密度（kg/m^3），均可取 $t_{平均} = \frac{1}{2}(t_1 + t_2)$ 下对应水或空气的密度；V 为标定用流体的体积流量（m^3/s）；ρ 为标定用流体的密度（kg/m^3），对水 $\rho = 1000kg/m^3$，对空气 $\rho = 1.205kg/m^3$；ρ_f 为转子材料密度（kg/m^3）。

因此，$m_2 = V'\rho'$。

其二，若用孔板流量计测冷流体的流量，则：

$$m_2 = \rho V$$

式中：V 为冷流体进口处流量计读数；ρ 为冷流体进口温度下对应的密度。

在 $0 \sim 100℃$，冷流体的物性与温度的关系有如下拟合公式。

（1）空气的密度与温度的关系式：$\rho = 10^{-5}t^2 - 4.5 \times 10^{-3}t + 1.2916$。

（2）空气的比热容与温度的关系式：$60℃$ 以下 $c_P = 1005J/（kg \cdot ℃）$，$70℃$ 以上 $c_P = 1009J/（kg \cdot ℃）$。

（3）空气的热导率与温度的关系式：$\lambda = -2 \times 10^{-8}t^2 + 8 \times 10^{-5}t + 0.0244$。

（4）空气的黏度与温度的关系式：$\mu = （-2 \times 10^{-6}t^2 + 5 \times 10^{-3}t + 1.7169） \times 10^{-5}$。

三、实验装置

（一）实验主要装置

空气—蒸汽换热流程实验装置如图 2-9 所示。来自蒸汽发生器的水蒸气进入不锈钢套管换热器环隙，与来自风机的空气在套管换热器内进行热交换，冷凝水排出装置外。冷空气经孔板流量计或转子流量计进入套管换热器内管。

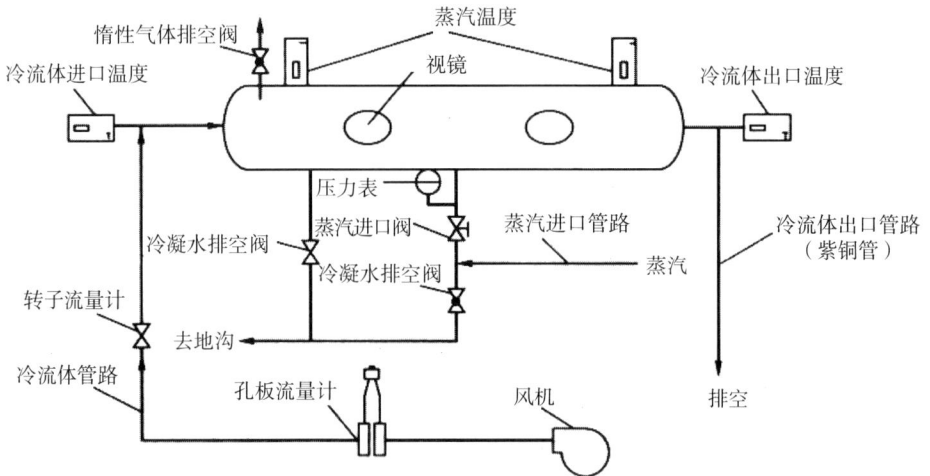

图 2-9　空气—蒸汽换热流程实验装置

（二）设备与仪表规格

（1）紫铜管（内含翅片）规格：$D=21mm \times 2.5mm$，长度 $L=1000mm$。

（2）外套不锈钢管规格：$D=100mm \times 5mm$，长度 $L=1000mm$。

（3）铂热电阻及无纸记录仪温度显示。

（4）全自动蒸汽发生器及蒸汽压力表。

四、实验步骤

（1）打开控制面板上的总电源开关，打开仪表电源开关，使仪表通电预热，观察仪表显示是否正常。

（2）在蒸汽发生器中灌装清水，开启发生器电源，使水处于加热状态。到达符合条件的蒸汽压力后，系统会自动处于保温状态。

（3）打开控制面板上的风机电源开关，让风机工作，同时打开冷流体进口阀，让套管换热器里充有一定量的空气。打开冷凝水出口阀，排出上次实验残留的冷凝水，在整个实验过程中出口阀也保持一定开度。在通水蒸气前，也应将蒸汽发生器至实验装置之间管道中的冷凝水排出，否则夹带冷凝水的蒸汽会损坏压力表及压力变送器。具体排出冷凝水的方法是关闭蒸汽进口阀门，打开装置下面的排冷凝水阀门，让蒸汽压力把管道中的冷凝水带走，当听到蒸汽响时关闭冷凝水排除阀，方可进行下一步实验。

（4）开始通入蒸汽时，要仔细调节蒸汽阀的开度，让蒸汽慢慢流入换热器中并逐渐充满系统，使系统由"冷态"转变为"热态"，不得少于 10min，以防止不锈钢管换热器因突然受热、受压而爆裂。上述准备工作结束，系统处于"热态"，调节蒸汽进口阀，使蒸汽进口压力维持在 0.01MPa，可通过调节蒸汽进口阀和冷凝水排除阀开度来实现。

（5）自动调节冷空气进口流量时，可通过组态软件或者仪表调节风机转速频率来改变冷流体的流量到一定值，在每个流量条件下，均须待热交换过程稳定后方可记录实验数值，改变流量，记录不同流量下的实验数值。记录 6～8 组实验数据，方可结束实验。先关闭蒸汽发生器，再关闭蒸汽进口阀，然后关闭仪表电源，待系统逐渐冷却后关闭风机电源，待冷凝水流尽，关闭冷凝水出口阀，最后关闭总电源。待蒸汽发生器内的水冷却后将水排尽。

五、实验数据记录

打开数据处理软件，选择"空气—蒸汽给热系数测定实验"，导入 MCGS 实验数据。打开导入的实验，可以查看实验原始数据以及实验数据的最终处理结果，点击"显示曲线"，则可得到实验结果的曲线对比图和拟合公式。

若数据输入错误，或明显不符合实验情况，程序会有警告对话框跳出。每次修改数据后，都应点击"保存数据"，再点击"显示结果"和"显示曲线"，记录软件处理结果，并可作为手算处理的对照。结束后点"退出程序"。

实验十　挤压膨化实验

一、实验目的

了解挤压膨化的原理，掌握挤压膨化技术的特点，掌握主要挤压膨化设备的操作。

二、实验原理

食品挤压加工技术属于高温、高压食品加工技术，特指利用螺杆挤压方式，通过压力、剪切力、摩擦力、加温等作用，对固体食品原料加以破碎、捏和、混炼、熟化、杀菌、预干燥、成型等加工处理，完成高温、高压的物理变化及生化反应，最后食品物料在机械作用下强制通过一个专门设计的孔口（模具），制得一定形状和组织状态的产品，这种技术可以生产膨化、组织化或不膨化的产品。

挤压加工技术最早应用于塑料制品加工。随着食品工业的发展，挤压加工技术特有的优越性逐渐广为人知，并应用于食品加工领域。20 世纪 30 年代，第一台成功应用于谷物加工的单螺杆挤压机问世。

食品工业所使用的挤压熟化机集破碎、混合、混炼、熟化、挤出成型于一体。传统的谷物食品加工工艺一般须经粉碎、混合、成型、烘烤或油炸、杀菌、干燥等生产工序，每道工序都须配备相应的设备，生产流程长，占地面积大，设备种类多。采用挤压技术加工谷物食品，可将原料经初步粉碎和混合后，用一台挤压机一次完成诸多工序，制成的产品可直接或再经油炸、烘干、调味后上市销售；只需要简单地更换挤压模具，就可以方便地改变产品的造型；与传统生产工艺相比，简化了膨化、组织化食品的加工艺过程，丰富了食品的花色品种，同时还改善了产品的组织状态和口感，提高了产品质量。目前，挤压技术在食品工业中的应用得到了较快的拓展，种类繁多的方便食品、即食食品、小吃食品、断奶食品、儿童营养米粉等挤压熟化产品相继问世，其应用领域由单纯生产谷物食品，已发展到生产畜禽饲料、水产饲料、植物组织蛋白等。

我国挤压加工技术的研究和应用始于 20 世纪 80 年代，先后在膨化小吃食品、营养米粉、糖果、动物饲料的生产，传统食品龙虾片生产工艺的改善，大量组织蛋白的加工，变性淀粉、淀粉糖浆、膳食纤维等生产应用领域和挤压技术的理论领域进行了大量的研究。与此同时，国内的许多生产厂家也先后从世界各大公司引进了先进的挤压设备进行挤压食品生产。在引进国外设备的同时，国内的许多厂家也先后生产了不同类型的挤压熟化设备，但目前仍处于相对落后的状态，设备性能有待改善，生产领域有待扩大，产品花色品种须进一步丰富，产品质量须进一步提高。

（一）挤压熟化技术的特点

食品挤压熟化技术归结起来有以下特点。

（1）连续化生产。原料经预处理后，即可连续地通过挤压设备，生产出成品或半成品。

（2）生产工艺简单。生产流水线短，集粉碎、混合、加热、熟化、成型于一体，一机多能，便于操作和管理。

（3）物耗少、能耗低。生产能力可在较大范围内调整，能耗仅是传统生产方法的 60% ～ 80%。

（4）应用范围广。食品挤压加工适合于小吃食品、即食谷物食品、方便食品、乳制品、肉类制品、水产制品、调味品、糖制品、巧克力制品等的加工。经过简单地更换模具，即可改变产品形状，生产出不同外形和花样的产品，提高了产销灵活性。

（5）投资少。挤压加工技术与传统生产加工方法相比，生产流程短，减少了许多单机，避免了单机之间串联所需的传送设备。

（6）生产费用低。有资料报道，使用挤压设备生产的费用仅为传统生产方法的 40% 左右。

（二）挤压熟化食品的特点

根据不同的生产目的和产品需要，利用挤压机可生产出膨化或不膨化的组织化的成品或半成品。膨化食品是指原料（主要是谷物原料）进行高温、高压处理后，被迅速释放到低压环境，体积大幅度膨胀而内部组织呈多孔海绵状态的食品。

挤压熟化食品具有以下特点。

（1）不易产生"回生"现象。运用传统蒸煮方法制得的谷物制品易"回生"的主要原因是 $\alpha-$ 淀粉 β 化。在挤压加工中，物料受高强度挤压、剪切、摩擦等作用，淀粉颗粒在含水量较低的情况下，充分溶胀、糊化和部分降解，再加上挤出模具后的"闪蒸"，使糊化之后的 $\alpha-$ 淀粉不易恢复其 β 结构，故不易产生"回生"现象。

（2）营养成分损失少、食物易消化吸收。挤压膨化过程是高温短时的加工过程，由于原料受热时间短，食品中的营养成分几乎未被破坏。在外形发生变化的同时，食品内部的分子结构和性质也发生了改变，其中一部分淀粉转化为糊精和麦芽糖，便于人体吸收。又因挤压膨化后食品的质构呈多孔状，分子之间出现间隙有利于人体消化酶的进入，从而提高消化率，如未经膨化的粗大米，其蛋白质的消化率为 75%，经膨化处理后可提高到 83%。

（3）产品口感细腻。经挤压过程的高温、高压和剪切、摩擦作用，以及挤出模具的瞬间膨化作用，谷物中的纤维素、半纤维素、木质素等成分彻底微粒化，并且产生部分分子的降解和结构变化，水溶性增强，口感得以改善。

（4）风味好、食用方便。高温短时的挤压加工过程，使一些有害因子还未来得及作用便被破坏，避免了不良风味的产生，如大豆制品的豆腥味是大豆内部的脂肪氧化酶催化发生氧化反应的结果。挤压过程中的瞬间高温已将该酶破坏，从而也就避免了异味的产生。另外，一些自然形成的毒性物质，如大豆中的胰蛋白酶抑制因子等也同样受到破坏。

（5）产品卫生水平高，保存性能好。挤压熟化食品加工时间短、路程短，基本无污染。挤压加工的瞬间温度可高达 250℃，能够破坏原料中的微生物。膨化后的产品含水量一般为 5% ~ 8%，不利于微生物的生长繁殖，只要保存方法得当，便可较长时间保存。

三、实验装置

挤压机有若干种设计，目前应用于食品行业的主要是螺杆挤压机，它的主体部分是一根或两根在一只紧密配合的圆筒形套筒中旋转的螺杆。食品挤压机类型很多，分类方法各异，按螺杆数量分为单螺杆挤压机、双螺杆挤压机和多螺杆挤压机。其中以单螺杆和双螺杆最为常见。

单螺杆挤压机：挤压机配置一根挤压螺杆，是一种最为普通的螺杆挤压机，结构简单、设计制造容易、工作可靠、价廉、易于操作、维修方便，但混合能力差、作用强度低。

双螺杆挤压机：挤压机配置两根挤压螺杆，挤压作业由两者配合完成，是由单螺杆挤压机发展而来。根据两螺杆的相对位置又分为啮合型（包括全啮合型和部分啮合型）和非啮合型；根据两螺杆旋转方向分为同向旋转和异向旋转（向内和向外）。主流机型为同向旋转、完全啮合、梯形螺槽。

四、实验方法

（一）单螺杆挤压熟化机的操作

食品挤压熟化设备是一种连续、高速处理物料的装置，不同型号的挤压熟化机有不同的操作特点，需要操作人员了解和掌握操作规程。

（二）开机前的准备工作

开机前检查挤压机，螺杆、机筒和其他零部件之间不得有摩擦或卡死现象。有些挤压熟化机的螺杆相对于推力轴承能够移动，出料处锥形螺杆部分和机筒的配合间隙可调，通常用塞规测量进行调整。在启动前切割装置须安装到位，切刀相对于模头的调整要精确，通常切刀和模板表面之间保持有很小的间隙（0.05～0.2mm）。启动前要对喂料器和调节装置进行检查以确定其是否正常，有时喂料器需要校准到正常运行的状态。所有的蒸汽管道都要打开阀门，放掉冷凝水。所有报警器和安全设施也应处于完好状态。

（三）启动操作与稳定运行操作

因预调制器和挤压熟化机电动机启动后才允许喂入原料，而在物料未充满挤压室的情况下运行会加快挤压螺杆的磨损，要求尽量缩短启动时间，最大限度地减少生产损失、废品的数量和避免设备损坏。启动应在低产量、高水分条件下开始。

挤压机的传动功率、模板温度、模板处的挤出压力等关键参数以及被挤压物料状态，可作为操作人员在启动期间进行操作的依据。

（四）停机操作

挤压机停机时首先应将通入预调制器和机筒的蒸汽关闭，向原料中加入过量水分，直到出料温度降低到100℃以下后终止喂料，挤压机则须继续运转到模孔出现湿冷物料为止。

停机后常常需要拆下模板，拆模板时必须仔细，当拧松机头连接螺栓时，机内压力突然急剧释放会对操作者有潜在的危险。如果在拆模时挤压室内还有压力，应在机头装上链条或其他制动机具以保持机头在拆模时相对位置不变，直到压力完全消失。模板拆下后，开动螺杆把机内剩余物料旋转排出。

实验十一　离子交换实验

课件资源

一、实验目的

理解离子交换的基本原理，掌握离子交换树脂交换容量的测定，掌握离子交换设备的操作方法。

二、实验原理

离子交换法是处理电子、医药、化工等工业用水和处理含有害金属离子的废水，回收废水中贵重金属的普遍方法。它可以去除或交换水中溶解的无机盐，降低水的硬度、碱度以及制取去离子水。

在应用离子交换法进行水处理时，需要根据离子交换树脂的性能设计离子交换设备，决定交换设备的运行周期和再生处理。这是既涉及理论计算，又包含实验操作的问题。

（一）离子交换树脂的交换容量

离子交换树脂的交换容量表示离子交换剂中可交换离子量的多少，是交换树脂的重要技术指标。各种离子交换树脂可以以不同形态存在，为了正确地比较各树脂的性能，常常在测定性能前将其转变成某种固定的形态。一般阳离子交换树脂以 H 型为标准，强碱性阴离子交换树脂以 Cl 型为标准，弱碱性阴离杂质子交换树脂以 OH 型为标准。各种树脂在实验前应进行必要的处理，树脂性能的测定目前尚无统一的规定，可根据需要对其物理性状和化学性目状进行测定。在应用中，决定树脂交换能力大小的指标是树脂交换容量，它又分为以下几类。

（1）全交换容量（E）。全交换容量是指交换树脂中所有活性基团全部再生成可交换离子的总量。其计算方法见本实验中实验结果整理部分。

（2）平衡交换容量（m）。平衡交换容量是指交换树脂和水溶液作用达到平衡时的交换容量。例如，一种 H 型离子交换树脂和含有 Na^+ 的溶液发生作用，达到平衡时，交换树脂中 Na^+ 的含量为 m（Na）（mmol/g），则平衡交换容量为 m（Na），此时交换剂中残留的 H^+ 的含量为 m（H）（mmol/g），则全交换容量 $E=m$（Na）$+m$（H）。当 m（Na）很大而 m（H）≈ 0 时，$E=m$（Na）。

（3）工作交换容量（E_0）。工作交换容量是指在交换过程中实际起到交换作用的可交换离子的总量。

上述平衡交换容量与全交换容量有关，全交换容量是平衡交换容量的最大值。工作交换容量与实际运行条件有密切关系，原水中所含杂质的性质、浓度、交换树脂层厚度、进水温度、pH、再生程度等均会影响交换树脂的工作交换容量。全交换容量对同一种离子交换树脂来说是一个常数，常用酸碱滴定法确定其值。

（二）离子交换脱碱软化

含有 Ca^{2+}、Mg^{2+} 等杂质的水流经交换树脂层时，水中的 Ca^{2+}、Mg^{2+} 首先与树脂上的可交换离子进行交换，最上层的树脂首先失效，变成了 Ca、Mg 型树脂。水流通过该层后水质没有变化，故这一层称为饱和层或失效层。在它下面的树脂层称为工作层，继续与水中 Ca^{2+}、Mg^{2+} 进行交换，直至达到平衡。

实际上，天然水中不会只有单纯一种阳离子，而常含多种阴、阳离子，所以离子的交换过程比较复杂。就软化而言，当水流过交换层后，各阳离子按其被交换剂吸附能力的大小，自上而下地分布在交换层中，它们是 Fe^{3+}、Al^{3+}、Ca^{2+}、Mg^{2+}、K^+、Na^+ 等。如果采用 Na 型交换树脂，出水中就不可避免地含有 $NaHCO_3$，从而使碱度增加。生产上常采用 H-Na 型交换树脂并联的形式，它们的流量分配关系为：

$$Q_H[c(SO_4^{2-})+c(Cl^-)]=(Q-Q_H)H_c-QA_t$$

式中：H_c 为原水中碳酸盐的硬度，亦称碱度（mmol/L）；A_t 为混合后软化水的剩余碱度，约为 0.5mmol/L；Q、Q_H 分别为总处理水量、进入 H 型交换器的水量（m^3/h）。

为了方便起见，在对水进行分析时，假定水中只有 K^+（Na^+）、Ca^{2+}、Mg^{2+}、HCO_3^-、SO_4^{2-}、Cl^- 等主要离子，这样碱度仅为碳酸盐碱度。总硬度与总碱度之差即为 SO_4^{2-} 和 Cl^- 的含量。

（三）离子交换除盐

利用阴、阳离子交换树脂共同工作是目前制取纯水的基本方法之一。水中各种无机盐类解离生成的阴、阳离子经过 H 型离子交换树脂时，水中阳离子被 H^+ 取代，经过 OH 型离子交换树脂时，水中阴离子被 OH^- 取代。进入水中的 H^+ 和 OH^- 结合成 H_2O，从而达到了去除无机盐的效果。水中所含阴、阳离子的多少，直接影响溶液的导电性能，经过离子交换树脂处理的水中离子很少，电导率很小，电阻值很大，生产上常以出水的电导率评价离子交换后的水质。

三、实验仪器设备

（一）实验设备

离子交换脱碱软化设备如图 2-10 所示，交换柱由有机玻璃制成，尺寸为 $\varphi 100mm \times 1000mm$，内装树脂 1200mm。

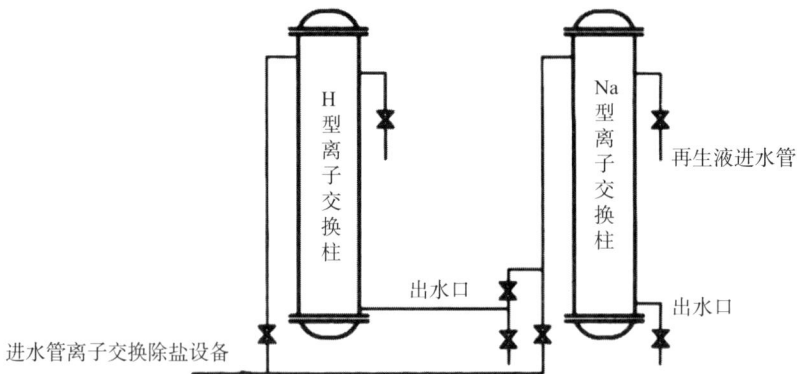

图 2-10　离子交换脱碱软化设备

（二）实验仪器

天平，pH 计，电导仪，250mL 锥形瓶 10 个，10mL、25mL、50mL 移液管各 2 支，50mL 滴定管 1 支，100mL、1000mL 量筒各 1 个，500mL 容量瓶 1 个，250mL 试剂瓶 1 个，500mL 烧杯 3 个，150mL 烧杯 2 个。

四、实验步骤

（一）离子交换树脂全交换容量测定步骤

1. 强酸性阳离子交换树脂的测定

（1）称取树脂样本 1g（精确至 1mg），置烘箱内在 105℃下烘 45min，冷却后称重，求出含水率。

（2）同时，称取树脂样本 1g（精确至 1mg），放入 250mL 锥形瓶中，加入 1mol/L NaCl 溶液 50～100mL，摇动 5min，放置 2h。

（3）在上述溶液中加入 1% 酚酞指示剂 3 滴，用 0.1mol/L NaOH 标准溶液滴定至呈微红色且 15s 不褪色，记录所用 NaOH 标准溶液的体积。

2. 弱酸性阳离子交换树脂的测定

（1）称取树脂样本 1g（精确至 1mg），测定含水率。

（2）同时，称取树脂样本 1g（精确至 1mg），放在 250mL 锥形瓶中，加入 0.2mol/L NaOH 标准溶液 50mL，盖紧玻璃塞，放置 24h（并轻微摇动数次）。

（3）用移液管吸取上清液 25mL 放在另一烧杯中，以酚酞为指示剂，用 0.1mol/L HCl 标准溶液滴定至不显红色为止，记录 HCl 标准溶液的用量。

3. 强碱性阴离子交换树脂的测定

（1）称取树脂样本 1g（精确至 1mg），测定含水率。

（2）同时，称取树脂样本 1g（精确至 1mg），放在 250mL 锥形瓶中，加入 1mol/L Na_2SO_3，溶液 50～100mL，摇动 5min，放置 2h。

（3）在上述溶液中加入 10% 铬酸钾指示剂 5 滴，用 0.1mol/L $AgNO_3$，标准溶液滴定至红色且 15s 不褪色，记录 $AgNO_3$ 标准溶液的用量。

4.弱碱性阴离子交换树脂的测定

（1）称取树脂样本 1g（精确至 1mg），测定含水率。

（2）同时，称取树脂样本 1g（精确至 1mg），放在 250mL 锥形瓶中，加入 1mol/L HCl 溶液 100mL（含 3% 的 NaCl），摇动 5min，放置 24h。

（3）用移液管吸取上清液 20mL 放入另一三角烧瓶中，加入 1% 酚酞指示剂 3 滴。以 0.1mol/L NaOH 标准溶液滴定至呈微红色且 15s 不褪色。同时，另做一个空白实验，记录两次 NaOH 标准溶液的用量。

（二）离子交换脱碱软化实验步骤

（1）取进入离子交换柱前的水样 100mL 置于 250mL 锥形瓶中，测出总碱度。

（2）取上述水样 50mL 置于 250mL 锥形瓶中，测出总硬度。

（3）根据原水中总硬度和总碱度指标，利用 H—Na 型离子交换柱流量分配比例关系式，确定进入 H—Na 型离子交换柱的流量比例。

（4）取 H 型离子交换柱流速为 15m/h，确定 Na 型离子交换柱流速。

（5）打开各柱进、出水阀门，调整进水流量。

（6）交换 10min 后，测定 H—Na 型离子交换柱出水 pH、硬度、碱度和混合水碱度、pH。

（7）改变上述离子交换柱流速，分别取 20m/h、25m/h 等，重复步骤（5）和（6）。

（8）关闭各进、出水阀门。

（三）离子交换除盐实验步骤（图 2-11）

（1）测定原水 pH、电导率，并记录。

（2）排出阴、阳离子交换柱中的废液。

（3）用自来水正洗各离子交换柱 5min，正洗流速为 15m/h，测定正洗水出水 pH。若不呈中性，则延长正洗时间。

（4）开启阳离子交换柱进水阀门和出水阀门，调整离子交换柱内流速到 12m/h 左右。

（5）关闭阳离子出水阀门，开启阴离子交换柱进水阀门及混合离子交换柱进、出水阀门。

（6）交换 10min 后，测定各离子交换柱出水电导率、pH。

（7）依次取交换速率为 15m/h、20m/h、25m/h 等进行交换，测定各离子交换柱出水电导率、pH。

（8）交换结束后，阴、阳离子交换柱分别用 15m/h 的自来水反洗 2min，并分别通入 5% HCl 溶液、4% NaOH 溶液至淹没交换层 10cm。混合离子交换柱以 10m/h 的速率反洗，待分层后再洗 2min，然后移出阴离子交换树脂至 4% NaOH 溶液中，移出阳离子交换树脂至 5% HCl 溶液中，浸泡 40min。

（9）移出再生液，用纯水浸泡树脂。

（10）关闭所有进、出水阀门，切断各仪器电源。

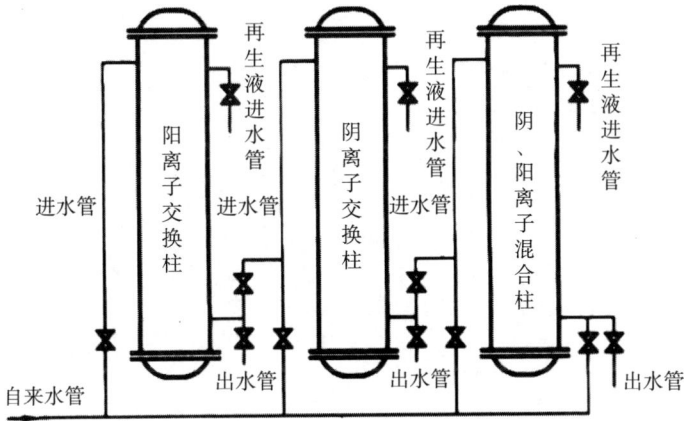

图 2-11　离子交换除盐实验

第三章　食品工程原理的演示实验

食品工程原理演示实验主要是通过观察实验的演示，阐述相应的食品工程理论知识。本章将结合食品工程原理实验中的雷诺演示实验、旋风分离演示实验、筛板塔流体力学性能演示实验、板式塔流体力学性能演示实验展开具体分析。

实验一　雷诺演示实验

课件资源

对流体流动的形态展开研究，对食品科学理论的发展和工程实践具有重要意义。雷诺实验即是通过特定的装置，观测流体流动过程中出现的不同流动形态及其转变的过程，计算出流体流动形态转变时的临界雷诺准数。

一、实验原理

按照流体流动时的流速以及其他与流动有关的物理量（如压力、密度）是否随时间而变化，可将流体的流动分成两类：稳定流动和不稳定流动。连续生产过程中的流体流动，多可视为稳定流动，在开工或停工阶段，则属于不稳定流动。

1883 年，雷诺首先在实验当中发现了流体流动的两种形态，分别为层流和湍流，这也是流体稳定流动的两种具体形态。[1] 同时，雷诺还观察到了这两种流体流动形态转变的过程。当流体层流流动时，流体质点做直线运动即流体分层流动，并且在径向无脉动；当流体湍流流动时，流体质点紊乱地向各方向做随机的脉动，其流体质点除沿管轴方向做直线运动外，还在径向做脉动。

流体流动形态可用雷诺准数（Re）来判断，这是一个无因次数群，其值不会因采用不同的单位制而不同。但应当注意，数群中各物理量必须采用同一单位制。若流体在圆管内流动，则雷诺准数可用下式表示：

$$Re = \frac{d \cdot u \cdot \rho}{\mu} = \frac{d \cdot u}{v}$$

式中：d 为管道内径（m）（本实验管为 0.016m）；ρ 为密度（kg/m^3）；μ 为黏度（Pa·s）；v 为运动黏度（m^2/s）；u 为平均流速（m/s），并且

$$u = \frac{V}{\dfrac{\pi d^2}{4}}$$

式中：V 为管路流量，转子流量计读数（m^3/s），并且

$$v = \frac{\mu}{\rho} = \frac{0.01775}{1 + 0.0337t + 0.000221t^2}$$

式中：t 为水温（℃）。

雷诺准数公式表明，对于一定温度的流体，在圆形直管内流动，雷诺准数仅与流体流速有关。当流体在圆形直管内流动，其雷诺数 $Re \leq 2000$（有的资料中是 2300～2320）时属于层流流动状态；$Re > 4000$ 时一般为湍流流动状态；Re 在 2000～4000 时，流动处于一种过渡状态，可能是层流也可能是湍流（有的资料中称为紊流），或是二者交替出现，主要由外界条件决定。层流转变为湍流时的雷诺数称为临界雷诺数，用 Re_c 表示。工程上，在计算流体流动损失时，不同的 Re 范围，采用不同的计算公式。因此观察流体流动的流态，测定雷诺数是化工原理课程实验的重要内容。

二、实验装置

实验所需的装置主要是雷诺实验装置，工作流体则使用自来水。同时，实验过程中还要自备量筒和秒表，以测量流体流速。

---

[1] 赵秋萍、李春雷：《化工原理实验》，西南交通大学出版社，2014，第 95 页。

雷诺实验装置是本实验使用的主要装置，由稳压溢流槽、带细套管的实验导管等部分组成。自来水不断被注入并充满稳压溢流槽；稳压溢流槽内的水经实验导管流出，流入自备的量筒中，水的流量可由流量调节阀控制；装置水箱内的水由自来水管供给，实验时水由水箱进入玻璃管（玻璃管供观察流体流动形态和滞流时管路中流速分布之用）。水量由出口阀门控制，水箱内设有溢流管，用以维持恒定的液面，多余水由溢流管排入下水道。

三、实验操作步骤

本实验具体有以下操作步骤。

（1）进行实验前的准备工作，主要包括以下三个方面。

①用自来水将稳压溢流槽充满水。

②将适量的红墨水加入细管储存槽内。

③用温度计测定水温。

（2）准备工作就绪后，按照以下操作要点开展实验。

①打开自来水进水阀，保持稳压溢流槽内有一定的溢流量。

②打开流量调节阀。

③缓慢地打开红墨水调节阀，一般地，红墨水的注入流速以与实验导管内主体流体的流速相近或略低于主体流体的流速为宜。

④调节流量调节阀，并注意观察层流现象。在此过程中，要精心调节流量调节阀，直至能观察到一条平直的红色细流为宜。

⑤逐渐加大流量调节阀的开度，并注意观察过渡流现象。

⑥进一步加大流量调节阀的开度，并注意观察湍流现象。当流量达到某一数值后，红墨水一进入实验导管内，立即被分散成烟雾状，这表明流体的流动形态已经进入湍流区域。

⑦根据测量时间内的水的体积流量和导管尺寸，计算出流体的流量并计算出雷诺准数。

⑧这样的实验操作需要反复进行 5～6 次，以便取得较为准确的实验数据。

⑨关闭红墨水调节阀，然后关闭进水阀，待玻璃管中的红色消失，关闭流量调节阀门，结束本次实验。

在进行实验的过程中，需要注意以下几个方面的内容。首先，在开启水箱的进水阀时，应注意控制进水量，使其稍大于用水量即可（此时看到溢流管有少许水量溢出）。如果进水量太大、溢流量太多，在大量溢流的干扰下，会造成液面严重波动，从而影响实验结果。其次，实验时加入的红墨水量不宜太大，否则既浪费又影响实验结果。最后，实验结束后要记得将实验装置内各处的存水排放干净。

实验二　旋风分离演示实验

旋风分离器是利用惯性离心力的作用从气流中分离出所含尘粒的设备，也叫旋风除尘器。通过旋风分离演示实验，可以观察其内部气体的运行情况，进而掌握旋风分离器的作用和原理。

一、实验原理

采用离心沉降分离的办法分离那些相对密度差较小及颗粒粒度较细的非均相物系会比使用重力沉降分离法的效果更明显。[1] 不同形态的物系所使用的离心分离设备有所差异，一般来说，气—固体系的离心分离多使用旋风分离器，液—固体系的分离则更多使用旋液分离器或沉降离心机。

本实验用到的旋风分离器，其主体主要分为上、下两个部分，上部是圆形筒，下部是圆锥形筒，进气管在圆筒的旁侧，与圆筒正切。实验设置的对比模型（即为下述装置Ⅱ）在外形上与旋风分离器相同，但在径向及切向都设置了进气管，并且两者之间可以切换。

含尘气体在旋风分离器的进气管沿切线方向进入分离器内做旋转运动，尘粒在随气流旋转过程中受离心力的作用而被甩向器壁，再沿器壁下落，自锥底排出。由于操作时旋风分离器底部处于密封状态，所以被净化后的气体到达底部后会折向上，沿中心轴旋转，从顶部的中央排气管排出，从而达到分离的目的。如果含尘气体从对比模型的径向进入管内，则气体不产生旋转运动，因而分离效果很差。

---

❶　孙金堂：《化工原理实验》，华中科技大学出版社，2011，第66页。

含尘气体在旋风分离器中旋转时，径向上受到三个力的作用，即惯性离心力、向心力和阻力（与颗粒运动方向相反，其方向为沿半径指向中心）。上述三个力表达式分别为：

$$惯性离心力 = \frac{\pi}{6}d^3\rho_s\frac{u_T^2}{R}$$

$$向心力 = \frac{\pi}{6}d^3\rho\frac{u_T^2}{R}$$

$$阻力 = \zeta\frac{\pi}{4}d^2\rho\frac{u_r^2}{2}$$

式中：d 为颗粒直径（m）；ρ_s 为颗粒密度（kg/m³）；ρ 为流体密度（kg/m³）；R 为颗粒与分离器中心轴的距离（m）；u_T 为切向速度（m/s）；u_r 为颗粒与流体在径向上的相对速度，即离心沉降速度（m/s）。

若上述三个力达到平衡，则有：

$$\frac{\pi}{6}d^3\rho_s\frac{u_T^2}{R} - \frac{\pi}{6}d^3\rho\frac{u_T^2}{R} - \zeta\frac{\pi}{4}d^2\rho\frac{u_r^2}{2} = 0$$

求解得：

$$u_r = \sqrt{\frac{4d(\rho_s - \rho)}{3\rho\zeta}\frac{u_T^2}{R}}$$

由这一公式可知，由于颗粒密度远大于气体密度，且沿切向进入时 $u_T \geq 0$，则 u_r 足够大，故其在径向会发生离心沉降。但若含尘气体沿径向进入旋风分离器时，因非沿切向进入（$u_T = 0$），则 $u_r = 0$，故在径向上并没有惯性离心力的作用，进而也不存在向心力和阻力，所以在径向不会发生离心沉降，也不会发生气—固分离。

二、实验装置

本实验装置主要由鼓风机、稳压罐、转子流量计、加料系统、U 型管压差计、旋风分离器等组成，具体有以下三种装置类型。

装置 I：空气经鼓风机送出，由调节旁路闸阀控制风量，由转子流量计计量，流经气体喷射器（抽吸器）时，由于节流负压效应，将固体颗粒储槽内的有色颗粒吸入气流中；随后，含尘气流进入旋风分离器，颗粒经旋风分离落入下部的固体颗粒收集槽，气流由器顶排气管旋转排出；U 型管压差计可显示旋风分离器出入口的压差。

装置Ⅱ（即对比模型）：实验前，通过颗粒加料器将定量的固体颗粒（煤粉）加入床层中；空气经鼓风机送至稳压罐，通过流量调节阀控制空气流量；采用转子流量计测定空气流量 V_s，经计量后的空气从流化床的底部加入，通过气体分布板后进入床层；从床层顶部出来的气体通过旋风分离器分离固体颗粒，再进入袋滤器除尘。其中，旋风分离器有两个进口，一个沿切向，另一个沿径向，可用入口阀门切换，在旋风分离器内部设有可移动测压探头。

装置Ⅲ：空气经气体流量调节阀调节流量后与硅胶颗粒混合，从旋风分离器圆筒上部矩形口沿切线方向进入，由于离心力的作用，颗粒沿壁面下行落入灰斗，净化后的气体则沿管中心上行自出口管排出。

以上三种实验装置使用的物料分别为着色石英砂（粒径 0.07 ～ 0.15mm）、煤粉、硅胶，装置Ⅱ的设备参数见表 3-1。

表 3-1　装置Ⅱ的设备参数

稳压罐尺寸 /mm	300×900
流化床尺寸 /mm	200×500
旋风分离器尺寸 /mm	标准 $D=150$
其他	旋风分离器为有机玻璃制作；切向进风口为矩形（25mm×50mm），升气管 φ 为 40mm，插入深度为 60mm，带集尘斗。风量范围 60 ～ 140m³/h，除尘效率约 95%。电源为单相三线 220V，功率为 370W

三、实验操作步骤

本实验主要任务包括以下四个方面：第一，观测切向进料时旋风分离器的分离效果；第二，测定旋风分离器的压降；第三，观察不同操作流速下的床层状态；第四，观测径向进料时旋风分离器的分离效果（装置Ⅰ）。具体的操作步骤及要点如下。

（一）装置Ⅰ实验步骤

装置Ⅰ实验的开展按照以下步骤进行。

首先，在装置的固体颗粒储槽中加入一定质量、一定粒度的粉粒。为提升演示效果，通常选用着色的、粒径明确的颗粒，此处选用染成红色的石英砂，也可以使用煤粉。

其次，打开鼓风机开关，通过调节旁路闸阀控制适当风量（可分别设置小、中、大三挡风量，以比较效果），当空气通过抽吸器时，因空气高速从喷嘴喷出，使抽吸器形成负压，抽吸器上端杯中的颗粒被气流带入系统与气流混合形成含尘气体。当含尘气体通过旋风分离器时，就可以清楚地看见颗粒旋转运动的形态：一圈一圈地沿螺旋形流线落入灰斗内。从旋风分离器出口排出的空气由于颗粒已被分离，故清洁无色。

本实验说明旋转运动能增大尘粒的沉降力，旋风分离器的旋转运动是靠切向进口和容器壁的作用产生的。若所用物料粒径范围相差较大，由于惯性力的影响和截面积变大引起的速度变化，大颗粒会沉降下来，而细小尘粒无法沉降被气流带走（可于排风口处用白纸检验）。这说明大颗粒更容易沉降，故工业上为了减小旋风分离器的磨损，通常先用更简易的方法预先除去大颗粒。

（二）装置Ⅱ实验步骤

装置Ⅱ实验的开展主要有以下几个步骤。

（1）用分析天平称量一定质量（m_1）的固体颗粒（煤粉），通过颗粒加料器将固体颗粒（煤粉）加入床层中，使床层出口处于放空状态。

（2）打开旋风分离器切向入口阀门。

（3）让流量调节阀处于全开状态。接通鼓风机电源，并启动鼓风机。

（4）逐渐关小流量调节阀到一定开度，增大通过床层的风量。记录转子流量计、U型管压差计的读数。当床层中无可见固体颗粒（煤粉）时，称量颗粒收集器中固体颗粒（煤粉）的质量为m_2。也可用白纸测试出口除尘后气体，观察白纸颜色。

（5）重复步骤（1）～（3），测定其他风量下的各参数，并记录。

（6）打开旋风分离器径向入口阀门，重复步骤（4），这时会发现白纸变黑。

（7）在旋风分离器圆筒部分中部用静压测量探头观测静压降在径向上的分布情况（测定三个点的压降，沿径向向圆周方向分别记为p_{r1}、p_{r2}、p_{r3}）。

（8）在旋风分离器的轴线上，从气体出口管的上端面至出灰管的上端面用静压测量探头，观测静压降在轴线上的分布情况（测定五个点的压降，从上到下方向分别记为P_{A1}、P_{A2}、P_{A3}、P_{A4}、P_{A5}）。

（9）静压测量探头紧贴器壁，从圆筒部分的上部至圆锥部分的下端面，观测沿器壁表面从上到下静压降的分布情况（测定五个点的压降，从上到下方向分别记为p_{w1}、p_{w2}、p_{w3}、p_{w4}、p_{w5}）。

（10）实验结束时，先将流量调节阀全开，然后切断鼓风机的电源开关。

（三）装置Ⅲ实验步骤

装置Ⅲ实验的开展具体有以下几个步骤。

（1）将固体颗粒（硅胶颗粒）放入尘粒进口斗中，微微打开尘粒进口阀，启动气泵。

（2）调节气体流量调节阀，观察空气流速大小对旋风分离效果的影响。

（3）观察颗粒被离心力甩至器壁，后沿壁面落下，并汇集于锥形底部集灰斗中的现象，观察净化后的气体沿分离器管中心上行并从分离器上部排出的现象。

（4）更换不同的固体颗粒（如面粉、咖啡豆等），观察分离现象。

此外，实验过程中，需要注意这四个方面的内容：第一，开机和停机时，均应先让流量调节阀处于全开状态，然后接通或切断鼓风机的电源开关，防止 U 型管内的水被冲出。第二，为了防止分离下来的尘粒因为内部负压漏入空气后被再次吹起并带走，必须要确保严密连接旋风分离器的排灰管与集尘器。第三，实验时，若气体流量足够小且固体粉粒比较潮湿，则固体粉粒会沿着向下螺旋运动的轨迹黏附在器壁上。若想去掉黏附在器壁上的粉粒，可在大流量下向床层内加入固体粉粒，用从含尘气体中分离出来的高速旋转的新粉粒将原来黏附在器壁上的粉粒冲刷掉。第四，实验结束后如短时间内不会再使用装置，应将实验使用的固体颗粒从集尘室中取出。

实验三　筛板塔流体力学性能演示实验

筛板塔又叫泡沫塔，是一种结构较为简单的除尘器。筛板就是在板上打很多筛孔，操作时气体直接穿过筛孔进入液层。这种塔板具有维护工作量小、净化效率高、防腐蚀性能好等优点，主要用于吸收气体污染物和部分颗粒污染物，其缺点是小孔易堵。[1]进行筛板塔流体力学性能演示实验，有助于学生进一步了解塔板的基本结构，观察塔板操作时正常鼓泡、漏液、雾沫夹带、液泛现象，从而进

---

[1] 赵秋萍、李春雷：《化工原理实验》，西南交通大学出版社，2014，第105-106页。

一步深化对塔板性能的理解。

一、实验原理

研究塔板上气液接触、塔板内气液流动等问题，都涉及与流体力学相关的问题。为了研究塔板上流体力学，一般用空气—水体系，在塔板的冷模装置上进行实验，观察塔板上气液的接触情况。具体来看，大致有以下几种情况。

（1）正常鼓泡现象。在这种情况下，塔板气液的接触气速比较适中，无明显飞溅的液滴，泡沫层的高度适中、气泡均匀，这表明实际气速符合设计值。

（2）漏液现象。当塔板在低气速下操作时，气体通过塔板为克服开孔处的液体表面张力，以及液层摩擦阻力所形成的压降，不能抵消塔板上液层所受的重力，因此液体将会穿过塔板上的筛孔往下漏，即产生漏液现象。

（3）雾沫夹带现象。这种现象具体是指液滴被气流从一层板带到上一层板，引起浓度的返混现象。雾沫夹带通常是在高气速时产生的。

（4）液泛现象。当塔板上液体量很大、上升气体速度很快、塔板压降很大时，液体来不及从溢流管向下流动，于是在塔板上不断积累，液层不断上升，使整个塔板空间都流满气液混合物，此即为液泛现象。

二、实验装置

本实验主要使用的装置为筛板塔装置，由风机、气阀、水阀、水流量计、塔板、液封管、U 型管压差计等组成，塔板上有筛孔、溢流管、降液区等。

三、实验操作步骤

本实验的主要任务具体有两个方面：一是观察筛板塔在气液量改变时，气液两相在塔板上的接触情况；二是观察筛板塔内因气液相负荷变化而引起的不正常流动现象。实验的具体操作要点如下。

（1）演示前，可先供水，开动风机，气阀处于半开位置，启动运行，让筛板充分润湿。演示时，采用固定的水流量（约 1.28L/min），改变气速，以演示各种气速时的运行状况。

（2）全开气阀，气速达到最大值。这时可以看到泡沫层很高，并且有大量液滴从泡沫层上方往上冲，这就是所谓雾沫夹带现象。这种现象表示实际气速大大超过设计气速。

（3）逐渐关小气阀。这时飞溅的液滴明显减少，泡沫层的高度适中、气泡均匀，表示实际气速符合设计值，这是筛板塔正常运行的状态。

（4）进一步减小气速。当气速远小于设计气速时，泡沫层明显减少，因为鼓泡少，气液两相接触面积大大减少。显然，这是筛板塔不正常操作的状态。

（5）慢慢关小气阀，这时可以看到板面上既不鼓泡，液体也不下漏的现象。若继续关小气阀，则液体从筛孔中漏出，这就是筛板塔的漏液点。在整个演示过程中，还可以从 U 型压差计上读出各个操作状态下的板压降。

在实验过程中，需要注意两个方面的内容：第一，实验之前，需要先打开进水阀，向装置内通入一定的水，将各层塔板淋湿。第二，实验过程中改变空气或者水的流量时，必须待其稳定后再观察塔板上的气液接触现象。

实验四　板式塔流体力学性能演示实验

板式塔也是一种使用较为广泛的、可用于气液两相同时进行传热、传质的塔设备，并且支持吸收（解吸）、精馏和萃取等化工单元操作。进行板式塔流体力学性能演示实验，有助于学生进一步了解塔板的工作原理，掌握操作要点。

一、实验原理

常用塔板主要有泡罩塔、浮阀塔等类型。泡罩塔是最早应用于生产的塔板之一，因其操作性能稳定，故一直到 20 世纪 40 年代还在板式塔应用中占有绝对优势。但它的缺点也比较明显，如制造成本较高、结构复杂及阻力较大等。这种塔板的液面落差较大，会导致液体在通过时因为气流的分布不均而使气、液之间不能很好地接触。也正因为这些缺陷，这种塔板逐渐被其他类型的塔板替代。泡罩塔特别适用于容易堵塞的物系。塔板上装有许多升气管，每根升气管上覆盖着一只泡罩（多为圆形，也可以为条形或其他形状）。泡罩下边缘开齿缝或不开，操作时气体从升气管上升，再经泡罩塔与升气管的环隙，然后从泡罩下边缘或经齿缝排出进入液层。浮阀塔则是目前使用最广泛的塔板之一。相比泡罩塔，浮阀塔的优势体现在它的结构更加简单，当液体通过时，即使气流的波动范围较大，它也能保持稳定，这就为操作带来了便利。同时，这种塔板的弹性大、适应性强、压降低，工作效率更高，能提供比泡罩塔更大的通量。但它也有明显的缺点，具体体现在它的阀片易松动或卡住（生锈），因而多用不锈钢制作，造价较高。浮阀塔的结构特点是将浮阀装在塔板的孔中，能自由地上下浮动，随气流的变化，浮阀打开的程度也不同。

与填料塔不同，板式塔属于分段逐级接触式气液传质设备，当液体从上层塔板经溢流管流经塔板时，与气体形成错流接触，由于塔板上装有一定高度的溢流堰，使塔板上保持一定的液层，然后越过溢流堰从降液管流到下层塔板，气体从下层塔板经筛孔或浮阀、泡罩等，上升穿过液层进行气液两相接触，然后与液体分开继续上升到上一层塔板。塔板传质的好坏，很大程度上取决于塔板上的流体力学状况（漏液点、雾沫夹带、液泛点）。

各种塔板板面大致可分为三个区域：溢流区（包括受液区和降液区）、有效传质区和无效传质区。溢流区中降液管的作用除使液体下流外，还须使泡沫中的气体在降液管中得到分离，不至于将气泡带入下一塔板而影响传质效率。因此，液体在降液管中应有足够的停留时间，一般要求 3 ～ 5s。一般溢流区不超过塔板总面积的 25%，在液量很大的情况下，可超过此值。

塔板的有效传质区主要是在塔板开孔的部分，这部分区域为气液两相传质提供场所，不同塔板的有效传质区具有明显差别，同时也成为区分不同塔板的标志。塔板的无效传质区是其他不开孔的区域，因为在液体进口处，液体容易自板上孔中漏下，故设一传质无效的不开孔区，称为进口安定区。而在出口处，由于进降液管的泡沫较多，也应设定不开孔区来破除一部分泡沫，又称破沫区。

塔板的操作上限和下限之比称为操作弹性（即最大气量与最小气量之比或最大液量与最小液量之比）。操作弹性是塔板的一个重要特性，操作弹性大，则该塔板的稳定操作范围较宽。塔板上不正常的流动现象有漏液、雾沫夹带等，这些现象会影响塔板的传质效率。为使塔板在稳定范围内操作，必须了解板式塔的几个极限操作状态，即漏液点、雾沫夹带和液泛点。

在本实验中，主要观察、研究各塔板的漏液点和液泛点，即塔板的操作上、下限。从塔板上的气液两相接触状况来看，其主要有以下三种情况。

第一种情况是当气体流速较低时，气液两相呈鼓泡接触状态，塔板上存在明显的清液层，气体以气泡形态分散在清液层中间，气液两相在气泡表面进行传质。

第二种情况是当气体速度较高时，气液两相呈泡沫接触状态，此时塔板上清液层明显变薄，只在塔板表面处才能看到清液，清液层的高度随气速增大而减少，塔板上存在大量泡沫，液体主要以不断更新的液膜形态存在于十分密集的泡沫之间，气液两相在液膜表面进行传质。

第三种情况是当气体速度很高时，气液两相呈喷射接触状态，液体以不断更新的液滴形态分散在气相中间，气液两相在液滴表面进行传质。

二、实验装置

本实验所使用装置主要由塔体、塔板、储水箱、旋涡风机、增压泵、转子流量计、U 型管差压计、阀门及管道等组成（图 3-1），其中主塔为有机玻璃，塔内径为 4200mm，塔板间距为 250mm，自上而下分别为泡罩塔板、浮阀塔板，以及有降液管的筛孔板和无降液管的筛孔板。

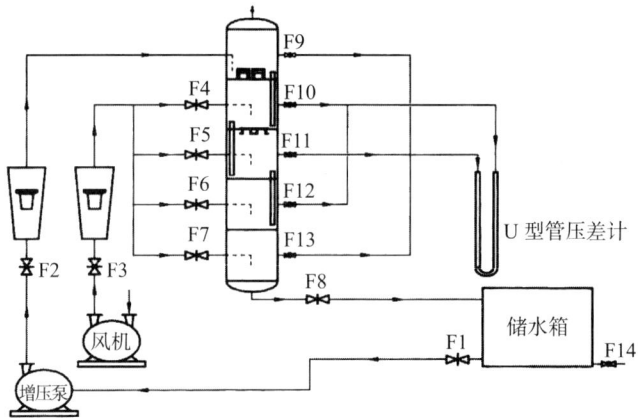

图 3-1　实验装置示意图

三、实验操作步骤

实验进行过程中，要根据不同的塔板结构选用不同的水流量，并保持固定的水流量。通过改变气速，演示不同气速时塔板的运行状况。

这里以有降液管的筛孔板为例，介绍该塔板流体力学性质演示操作。空气流量从小到大，观察塔板上气液接触的几个不同阶段，即鼓泡状态、泡沫状态和喷射状态，关注塔板操作状态，确定塔板的漏液点、雾沫夹带和液泛点。

首先，按照以下步骤做好演示的准备工作。

（1）关闭阀 F14，向储水箱中加水至 2/3 处。

（2）先向 U 型管压差计中加水至 1/2 处，然后接入引压管。

（3）关闭各层塔板进出口阀 F4、F5、F6、F7、F8、F9、F10、F11、F12、F13，打开阀 F1、F2、F3。

（4）接通电源，合上空气开关，查看电压表的电压是否正常。

其次，按照以下步骤，进行演示实验。

（1）将"增压泵"的旋钮开关调至"开"挡，当塔底液位高约 40mm 时，调节阀 F8，使其液位保持稳定，形成液封。

（2）打开阀 F6，将"风机"的旋钮开关调至"开"挡，打开阀 F11、F12，调节阀 F2 使液体流量至一合适值，并保持稳定流动。

（3）调节阀 F6 至较小开度（不要完全闭合），可以看见塔板上液体下漏的现象，此时气液接触处于鼓泡阶段。再调大阀 F6，则可看见液体从塔板上漏出量减少，鼓泡加剧，液层表面出现泡沫。当塔板不漏液（漏液量很少、不连续）时，就是塔板的漏液点。记录当前的各流量计读数、U 型管压差计读数及塔内现象。

（4）进一步开大阀 F6，这时泡沫明显增多，泡沫层高度适中，气泡均匀，表示实际气速符合设计值，这是各类型塔正常运行状态。

（5）继续开大阀 F6，气速继续增大，此时可以看到泡沫层很高，并有大量液滴从泡沫层上方往上冲，这就是雾沫夹带现象。此时气液接触处于喷射状态，这种现象表示实际气速超过设计气速。记录当前的各流量计读数、U 型管压差计读数及塔内现象。

（6）当阀 F6 全开时，塔板压降急剧上升，液体充满整个降液管，板上液层高度慢慢升高，达到上一塔板，发生过量雾沫夹带，进而产生液泛，对应的气速为液泛气速，此气速也称为最大气速，即液泛点。记录当前的各流量计读数、U 型管压差计读数及塔内现象。

最后，观察实验的两个临界气速，即作为操作下限的漏液点和作为操作上限的液泛点。对于其余三种类型的塔板，也进行如上操作。另外，也可做全塔液泛实验，观察全塔液泛的状况，实验过程中注意塔底处应液封，以避免塔板体内空气泄漏。

在实验过程中，需要注意以下几个方面的内容：

①严禁水泵空转。

②严禁在水泵出口阀门未开时启动水泵。

③严禁在风机出口阀门未开时启动风机。

④严禁水灌入风机中。

⑤启动风机或水泵前，检查供电是否正常。

⑥开机前，将设备接地。

第四章　食品工程原理的重点操作实验

食品工程原理中的传热实验、干燥实验、粉碎实验、膜分离实验等重点实验，与食品生产过程中使用到的各种工艺密切相关，论述这些实验将帮助读者更好地理解不同食品的生成过程。

实验一　传热实验

课件资源

一、实验目的

学习传热系数及传热膜系数（也称给热系数）的测定方法，学会使用热电偶测量温度的方法，以及测定经验方程中系数的实验组织方法，了解强化传热的途径，并测定空气在光滑直管及螺旋槽管中做湍流流动时的给热准数方程。

二、实验原理

首先需要确定给热准数方程。

无相变时的给热准数方程的一般形式为：

$$Nu = f_1 \ (Re, \ Pr, \ Gr, \ l_1/l_0)$$

式中：$Nu=(\alpha l)/\lambda$；$Re=(lu\rho)/\mu$；$Gr=(\beta g\Delta tl^3\rho^2)/\mu^2$。

对圆管而言，特征尺寸 l 即为管径 d（m）；l_1 为管长（m）；l_0 为管径（m）。当 l_1 与 l_0 之比大于 50 时，l_1/l_0 对给热的影响可忽略；当管内为强制灌流流动时，Gr 也可忽略，所以：

$$Nu=f_1(Re, Pr)$$

上式一般写成如下形式：

$$Nu=ARe^mPr^n$$

通常，$A=0.023$，$m=0.8$，当流体被加热时，$n=0.4$，流体被冷却时，$n=0.3$。在本实验中测得的是空气被加热的给热准数方程，故取 $n=0.4$。在实验中空气的定性温度为 50～70℃，其 Pr 值为 0.694～0.698，可以看出，其 Pr 值变化不大，为了简化实验，将 Pr 值取平均值 0.696，代入上式得：

$$Nu=0.023Re^{0.2}\cdot0.696^{0.4}$$

$$Nu=0.0199Re^{0.2}$$

$$N=ARe^m$$

本实验中，$A=0.0199$，$m=0.8$。本实验的目的之一就是要验证该经验方程，即测取常数 A 和 m，并与经验进行比较。为了便于计算，对上式取对数可得：

$$\lg Nu=\lg A+m\lg Re$$

只要通过实验，求得 Nu 和 Re，则可以通过图解法或最小二乘法求出 A 和 m。为了测求 Re 和 Nu，只要测得表达式中的 α、u 及其他参数即可。

接着进行准数式中各参数的测取和计算。

空气侧传热膜系数的测取。对间壁式换热，当忽略管壁厚度及空气的污垢热阻时，K 与 α 的关系为：

$$l/K=l/\alpha+\delta/\lambda_2+l/\alpha_2$$

式中：l/K 为总热阻；δ/λ_2 为黄铜管壁热传导的热阻；将壁厚 $\delta=0.001$ 来求及黄铜的导热系数 $\lambda=377W/mK$，代入得 $\delta/\lambda_2=2.7\times10^{-6}$；$l/\alpha_2$ 为蒸汽冷凝膜热阻，从文献可知其值约为 5×10^{-5}，空气传热膜系数在 100 左右，其热阻为 1×10^{-2}，黄铜管壁热阻、蒸汽冷凝热阻与空气侧的热阻对比可知，前两项热阻均可忽略，所以 $K\approx\alpha$。而 K 的测定可用牛顿冷却定律及传热基本方程进行。

由牛顿冷却定律进行的：

$$Q=V_0\rho c_P(l_{出}-l_{进})$$

由传热基本方程进行的：

$$Q=KA\Delta t_{出}$$

所以：

$$\alpha=K=[V_{出}\rho C_p（t_{出}-t_{进}）]/A\Delta t_m$$

式中：$V_{出}$ 为空气体积流量（m³/h）；ρ 为空气密度（kg/m³）；C_p 为定性温度下的空气定压比热（kJ/kg·K）；A 为换热面积（m²）；$t_{出}$、$t_{进}$ 为空气进出口温度（℃）；t_m 为对数平均温差。

本试验中因主要热阻在空气一侧，所以在计算换热面积时，可取管内面积计算，则：

$$A=\pi dl$$

式中：d 为管内径（m）；l 为管长（m）。

$$\Delta t_m = \frac{(T-t_{进})-(T-t_{出})}{\ln \frac{(T-t_{进})}{(T-t_{出})}} = \frac{t_{出}-t_{进}}{\ln \frac{(T-t_{进})}{(T-t_{出})}}$$

式中：Δt_m 为换热器两端对数平均温度（℃）；T 为蒸汽温度（℃）；$t_{进}$、$t_{出}$ 为换热管管壁温度（℃）。

Nu 和 Re 的计算：

$$Re=du\rho/\mu=dVd_m\rho_m/（\pi d^2\mu/4）=1.273Vs\rho/（d\mu）$$

式中：d 为管内径；μ 为定性温度下、管内压强下的介质黏度（因常压附近压强对黏度影响不大，可取常压下的数值）（Pa·K）。

下标 m 为管换热段内的数值，但质量流量处处相等，所以：

$$Vs_m\rho_m=Vs\rho$$

$$Nu = \alpha d/\lambda = dK\lambda = \frac{dVd\rho C(t_{出}-t_{进})}{\lambda A\Delta t_m}$$

式中：λ 为空气的导热系数，因常压附近对 λ 的影响不大，可取定性温度下及常压下的数值。

三、实验装置及流程

本实验装置是由两条套管换热器组成的，其中一条内管是光滑管，另一条内管是螺旋槽管，空气由风机输送，经 1/4 圆喷嘴流量计、风量调节阀，再经套管换热器内管排向大气。蒸汽由电热蒸汽发生器供给，经蒸汽控制阀进入套管换热器环隙空间，不凝性气体可由放ণ旋塞排出，冷凝水由疏水器排出。本实验所需装置包括风机、调节阀、蒸汽套管、视镜、温度计、热电偶、安全阀、压力表、蒸汽阀、放气旋塞、疏水器、电位计、冰瓶等。

每根实验管中都装有热电偶，用以测量管外壁壁温。光滑管的电热偶埋设方法是先开槽，再用锡焊方法将已镀锡的热电偶焊点焊在早槽端管壁上，然后包上聚四氯乙烯薄膜绝缘，最后用薄铜片盖面，以锡焊焊紧，并锉去多余焊锡使表面光滑。[1]螺旋槽的电热偶侧焊于槽内，用耐温胶粘接。螺旋槽管采用与光滑管相同的管材，在管外壁轧制螺旋槽纹制成，因为是薄壁管，所以轧制后管子内壁也具有螺旋纹。螺旋槽管可强化传热过程，主要通过凸槽使管表面的粗糙度增加，从而造成流体在凸槽前后发生边界层的分离，加强了径向混合，并因流体对凸槽的碰撞，大幅提高了管内的湍流程度，从而强化了传热。除此之外，由于螺旋槽对近壁处流体运动的限制作用，迫使流体做螺旋运动，对于相同的轴向速度而言，螺旋运动的存在会提高流体与壁面间的相对运动速度，这样就会减薄层流底层和传边界层，使传热得到强化。

本装置采用环室取压形式的 1/4 圆喷嘴流量计，这种流量计比较适用于低雷诺数范围的测量，它的孔流系数在低雷诺数范围内是常数，其流量的计算公式和孔板流量计基本相同，只是要考虑到测量气体流量时应增加膨胀校正系数 e。其流量可由下式计算：

$$Vs = DeS_0 \sqrt{2gK(\rho_0 - \rho_1)} / \rho$$

式中：孔流系数 D 由实验测定或查设备所配的流量曲线。本实验中由于该流量计的压降变化很小，所以 e 的试制接近 1，并考虑到水的密度 ρ_0 随温度变化不大且远比空气的密度 ρ_1 大，所以水的密度可取常温下的数值。

本实验中设置了单管压差计，单管压差计读数方便，但当测量时，大管液位会有微小下降，影响精度，所以应该采用以下公式进行修正：

$$R = R' + r = R' + (d^2/D^2) R' = (1 + d^2/D^2) R'$$

本实验采用节流式疏水器，利用水与水蒸气的比容不同，以通过节流孔时质量流量不同的原理进行工作。

本实验中蒸汽发生器采用电热方式产生蒸汽，使用蒸汽发生器时，应先打开放气阀门，加水至上操作线（上黄线）之上，然后供电，并排除空气和其他不凝性气体。待水沸腾后，关掉一组或两组电热预热器，并关闭排气阀门，将温度控制器调整在预定温度处，但不应超过其额定压力温度。使用时，应检查安全阀是否正常，若发现异常应立即停止加热，进行修理或更换，检查正常后，方可供气。在整个实验过程中，要不断检查发生器的水位，若水位低于下操作线，应立

---

[1] 吕维忠：《化学工程基础实验技术》，中国人民公安大学出版社，2003，第 55 页。

即停止加热，放气降压后，再加水至操作线，方可继续实验。实验中还应随时观察控温器的工作状况。

本实验装置属于低压压力容器，所以在使用中严禁超温、超压操作。

四、实验操作

（1）按上述要求使蒸汽发生器先行工作，以便实验时能及时提供蒸汽。

（2）打开蒸汽阀门，并打开换热套管上的排气阀门，待其充分排掉空气及其他不凝性气体后，关掉排气阀门。

（3）记录流量计、压差计的零点，若零点位置偏离正常位置太远，应补充指示液，进行适当调整。同时，准备好热电偶用的冰水浴及电位差计。

（4）关闭换热器套管，打开风机的旁通阀，开启风机。开启风机后，再适当调节套管阀门及旁通阀，用以调节空气的流量。

（5）调节流量，待过程稳定后，记录光滑管或螺旋管的流量计示值、计前表压、管子压差、各处热电偶示值及各温度计示值。

（6）不断改变流量，直到测完该压降下的所有数据。

（7）调整蒸汽发生器上的温度控制器，使其达到另一实验压力下的温度值，等温度稳定，即可重复操作步骤，测定这个压降下的数据。

（8）关闭蒸汽阀门、蒸汽发生器、风机及电位差计的电源。

实验过程中，应不断检查蒸汽发生器的水位，使其保持在两操作线之间。每当改变流量后，不要急于读数，应等几分钟，使其数值稳定。

五、实验报告要求

将实验所得光滑管和螺旋槽管的数据整理成表，将 Nu 和 Re 的数值描绘在双对数坐标纸上，用图解法求出给热经验方程中的 A 值和 m 值，并和经验值进行比较、讨论；比较不同蒸汽压降下的传热效果；同时还要将光滑管和螺旋槽管的传热效果及管子压差数据进行对比讨论。

实验二 干燥实验

一、洞道式气流干燥实验

（一）实验目的

了解洞道式干燥装置的基本结构、工艺流程和操作洞道干燥仿真实验的方法；学习测定物料在恒定干燥条件下干燥特性的实验方法；掌握根据实验干燥曲线求取干燥速率曲线，以及恒速阶段干燥速率、临界含水量、平衡含水量的实验分析方法；实验研究干燥条件对干燥过程特性的影响。

（二）实验原理

热空气干燥固体湿物料的原理是通过热空气把热量传递给湿物料，湿物料中的水分受热汽化，从而扩散到热空气中被带走。按干燥过程中空气状态参数是否变化，可将干燥过程分为恒定干燥条件操作和非恒定干燥条件操作两大类。若用大量空气干燥少量物料，则可以认为湿空气在干燥过程中温度、湿度均不变，再加上气流速度、与物料的接触方式不变，则称这种操作为恒定干燥条件下的干燥操作。干燥速率是指单位干燥面积与单位时间内所除去的水分质量之间的比值。干燥速率的计算需要使用如下公式：

$$U = \frac{\mathrm{d}W'}{S\mathrm{d}\tau} = -\frac{G'\mathrm{d}X}{S\mathrm{d}\tau} \approx -\frac{G'\Delta X}{S\Delta \tau} = \frac{\Delta W'}{S\Delta \tau}$$

式中：U 为干燥速率，又称干燥通量 $[\mathrm{kg}/（\mathrm{m}^2 \cdot \mathrm{s}）]$；$S$ 为干燥表面积（m^2）；τ 为干燥进行时间（s）；$\Delta\tau$ 为时间间隔（s）；W' 为一批操作中汽化的水分量（kg）；$\Delta W'$ 为 $\Delta\tau$ 时间间隔内汽化的水分量（kg）；G' 为绝干物料的质量（kg）；X 为物料干基含水量 $[\mathrm{kg}（水）/\mathrm{kg}（干料）]$，负号为 X 随干燥时间的增加而减少；ΔX 为 $\Delta\tau$ 时间间隔内物料干基含水量的改变值 $[\mathrm{kg}（水）/\mathrm{kg}（干料）]$。

干燥速率的测定方法是将湿物料试样置于恒定空气流中进行干燥实验，随着干燥时间的延长，水分不断汽化，湿物料质量随之减少。若记录不同时间下物料质量 G_i，直到物料质量不变为止，即物料在该条件下达到干燥极限为止，此时残留于物料中的水分就是该物料在该干燥条件下的平衡水分 X'。再将物料按照绝干重测定标准方法测得其绝干物料质量 G'，则物料中瞬间含水量 X 为

$$X = \frac{G_i - G'}{G'}$$

计算出每一时刻的瞬间含水量 X，然后将 X 对干燥时间 τ 作图，生成干燥曲线。由已测得的干燥曲线求出不同 X 下的斜率 $\mathrm{d}X/\mathrm{d}\tau$，再由干燥速率计算公式计算得到干燥速率 U，将 U 对 X 作图，即可得干燥速率曲线。

（三）实验装置及流程

实验装置如图 4-1 所示。

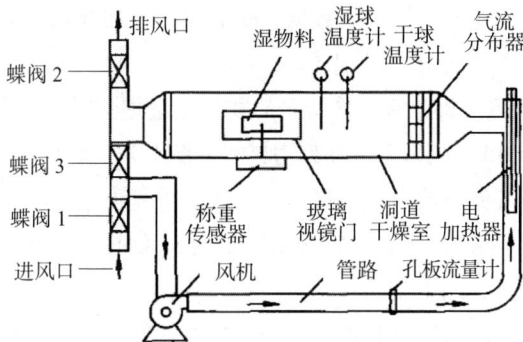

图 4-1　食品通道式气流干燥实验装置

工作流程为，空气由进风口进入，经蝶阀 1 在风机作用下经管路，由孔板流量计计量后送入电加热器，加热后经气流分布器流入洞道干燥室，加热料盘中的湿物料后，经排出管路蝶阀 2 由排风口排入大气。干燥过程中由干、湿球温度计实时检测系统干、湿球温度。物料失去的水分量由称重传感器转化为电信号，由智能数显仪表实时显示，并按照设定的时间间隔由电脑记录下来。

（四）实验操作

（1）打开干燥室玻璃视镜门，把物料架小心地置于称重传感器上。开启总电源，把风机进口阀、热空气回流阀和废气出口阀均旋至最大开度，开启风机电源。如果使用计算机自动控制，则进入计算机工作站，检查两个接口连接是否正

常，修改系统属性中的存盘参数，保存后进入控制界面。

（2）打开仪表电源开关，待仪表稳定后，把仪表控温状态设置为自动（即显示"A"为自动），设置干燥温度。加热器通电加热。同时，在干燥室后侧湿球温度计水斗中加入适量水（以保证干燥室内湿球温度计水槽恰好装满）。

（3）关注干燥室温度，当温度达到设定值 ±0.5℃并稳定 5min 以上时，视系统处于稳态。当系统处于稳态后，将仪表物料质量显示值调为零。

（4）将物料用水充分润湿，水量应适宜，不能滴水。将湿物料小心地置于称重传感器上的物料架内，并调整物料架使物料表面与空气流向平行。此时系统处于恒定干燥条件下。

（5）数据采集。数据采集分为手动与自动两种。首先，如果是手动记录，则开始记录湿物料质量数据 G_1、干球温度 t_1、湿球温度 t_{wi}、空气流量 V_1，然后每隔 2min 记录一次湿物料质量数据 G_i、干球温度 t_i、湿球温度 t_{wi}、空气流量 V_i。其次，如果是自动采集，则在计算机控制界面点击"开始实验"按钮，进入后点击"采集数据"记录下第一组数据，随后点击"切换到自动"，设置数据采集时间为 120s，计算机开始自动记录。

（6）待物料恒重，即连续 3 次记录的物料质量相同时，表示物料中自由水分已完全汽化（即 $U=0$），则剩余水分为物料的平衡水分。本次干燥操作结束。

然后，改变系统温度或空气流量值各一次，重复上述步骤。在完成 3 组操作后，关闭加热器。待系统温度降至 50℃以下时，关闭风机及仪表电源，切断总电源，清理实验现场，结束实验。

实验中的注意事项有以下几点。首先，操作开始第一项工作就是设置加热温度上限值（如 60℃），切记不可超过控温器最高限度，否则可能导致控温器烧坏。其次，必须先开风机，后开加热器，否则加热管可能烧毁。最后，由于干燥物在干燥过程中的某些时段质量变化非常微小，加上干燥室内干燥空气流动对干燥物质量测量有影响，为了尽量消除或减少各种外界因素的干扰，在干燥物质量测量信号的传输线路和软件数据处理上都对信号采取了一定的滤波措施，考虑到滤波后数据结果显示有一定的滞后性，因此当干燥物料放入干燥室约 1min 后，待干燥物质量信号稳定 ❶，再点击界面中的"干燥实验"按钮，此时计算机开始记录干燥实验数据。

---

❶ 赵秋萍、李春雷主编《化工原理实验》，西南交通大学出版社，2014，第 162 页。

（五）实验报告要求

制作完成实验记录表及数据整理表，并以一组数据为例详列计算过程；用2张直角坐标纸分别绘制干燥曲线（X-τ 曲线）图和干燥速率曲线（U-X 曲线）图，每张图上标绘3条曲线，逐个标出对应的 X 点、U 点；计算物料的临界含水量与临界干燥速率，并与上述曲线中读得的值比较。计算出对流传热系数的相对误差；结合本实验实测的干燥速率曲线，分析、比较干燥介质温度、流量变化对物料临界干燥速率、物料临界含水量及平衡含水量的影响。

二、食品的喷雾干燥实验

课件资源

（一）实验目的

了解喷雾干燥的基本原理，熟悉喷雾干燥设备的基本构造，掌握喷雾干燥机的使用方法。

（二）实验原理

喷雾干燥是通过机械力的作用将所需的干燥物料分散成雾状微粒，从而增大水分蒸发面积、加速干燥过程，与热空气接触后，在一瞬间将大部分水分除去，使物料中的固体物质干燥成粉末。空气通过过滤器和电加热器进入干燥室内的栅格空气分配器中，再均匀进入干燥室内。同时，浓缩液经进料管进入干燥室顶部的离心喷头中，因喷头的高速旋转产生的离心力将浓缩液均匀雾化成细微液滴，然后液滴顺热空气落向出粉口。在降落过程中，液滴吸收热空气提供的热量而迅速将自身水分蒸发，在极短的时间内即被干燥成粉粒。在排风机的作用下，粉粒随同热空气被引入旋风分离器内被分离，最后收集于旋风分离器下料口处的集粉设备内。

（三）实验装置与流程

实验设备需要准备喷雾干燥器、胶体磨、均质机、加热器、雾化器、排风机、空气压缩机、旋风分离器等。实验材料需要准备牛奶、鸡蛋等（鸡蛋去壳，弃去蛋清，蛋黄加糊精搅拌，送入胶体磨中均质制成料液备用）。

喷雾干燥流程为压缩机提供的压缩空气经可调稳压阀进入雾化器，料液由计量瓶出口玻璃旋塞控制进入雾化器，雾化器在压缩空气的作用下高速旋转，将料液雾化抛入干燥器。空气经过滤后，在加热器加热至预定温度后，进入干燥器，与雾粒并流向下运动时进行干燥，将雾粒中湿分去掉。干燥后的物料被热空气带入旋风分离器进行气固分离。排出的气流再进入袋滤器，进一步分离气流中的细小颗粒。加热器空气出口温度可通过调节加热电功率来控制。雾化压力由可调稳压阀控制。❶

（四）实验操作

第一步，将原料液的浓度调整到 45% ～ 50%，并保持料液温度为 50℃左右。启动排风机，检查排风系统有无漏气情况。接上加热电源预热干燥室，在预热期间注意将干燥器顶部孔口和旋风分离器下料口关闭，防止冷空气漏进影响预热效果。

第二步，启动空气压缩机，将空气压缩至 0.6 ～ 0.7MPa。在喷头上接好进气管，打开总气压阀和喷头气压阀，使喷头压力由 0atm 增至 2.5 ～ 3atm，检查喷头转盘点的运转是否正常，若运转正常，则关闭喷头气阀，并将离心喷头装入干燥室顶部的孔口内。

第三步，接好进料管（连接料液和离心喷头）。待预热到所要求的温度时，即打开喷头气阀，逐渐使喷头压力由 0atm 增至 2.5 ～ 3atm，❷然后打开进料阀，逐渐增大进料量到所要求的量，即稳定供料，待各参数稳定之后，测量记录有关参数。最后排净干燥室内干粉，测量水分含量。

第四步，逐渐增大进料量，重复第三步。

第五步，依次停止进料，关闭加热器。

第六步，关阀喷头气阀，把总气阀开到 6kgf/cm²，再开到升降气阀升起顶盖，清扫余料并抽入集粉瓶内，停止抽风机，拆洗管道和旋风分离器，清理离心喷头。

（五）实验报告要求

制作表格记录数据（包括质量浓度、黏度、加料速率、进风温度、雾化压力、实验材料与产品总量、产品含水率等），描述颗粒外形，绘制粒度分布曲线，计算热损失率及热效率。

---

❶ 伍钦、邹华生、高桂田：《化工原理实验（第 3 版）》，华南理工大学出版社，2014，第 122 页。
❷ 周雁、傅玉颖主编《食品工程综合实验》，浙江工商大学出版社，2009，第 37 页。

三、真空冷冻干燥实验

课 件 资 源

（一）实验目的

了解真空冷冻干燥技术的基本原理；熟悉真空冷冻干燥设备的基本构造；掌握真空冷冻干燥技术的基本操作。

（二）实验原理

物质存在固、液、气三种状态，物质的状态与其所处的温度、压力有关。水的相平衡关系是研究和分析含水食品冷冻干燥原理的基础，水分子间的相互位置随着温度、压力的改变而逐渐变化，直到量变引起质变，产生聚集态的转变。随着压力的不断降低，水的沸点越来越低而冰点的变化不大，当压力下降到某一值时，沸点即与冰点重合，固态冰就可以不经液态而直接转化为气态，这时的压力为三相点压力，其相应的温度为三相点温度，水的三相点压力为 610.5Pa，三相点温度为 0.0098℃。[1] 在压力低于三相点压力时，固态的冰可以直接转化为气态的水蒸气，为升华现象，水分升华时所吸收的潜热量称为升华潜热或升华热。如果压力高于 610.5Pa，从固态冰开始，等压加热升温后，必须要经过液态才能达到气态，但如果压力低于 610.5Pa，固态冰加热升温后将直接转化为气态，真空冷冻干燥最基本的原理就在于此，所以真空冷冻干燥又称为冷冻升华干燥。

物料冷冻时，生物组织细胞可能受到破坏，且细胞的破坏也与冷却速度有关。冷却速度影响生物细胞破坏表现为两种现象。一种是机械效应。当细胞悬浮液缓慢冷却时，冰晶开始出现于细胞外部的介质，于是细胞逐渐脱水。而当快速冷却时，情况与此相反，细胞内发生结晶。这时，冷却速度越快，则形成的晶体越小。如果是超速冷却，则出现细胞内水分的玻璃体化现象。另一种是溶质效应。在冷却初期，细胞外的冻结产生细胞间液体的浓缩，随之产生强电解质和其他溶质增浓现象，细胞内对离子的渗透性增加，因而细胞外离子进入细胞，并改变细胞内外的 pH 值。物料的结晶型对冷冻干燥速率有直接影响。冰晶升华后留下的空隙是后续冰晶升华时水蒸气的逸出通道，大而连续的六方晶体升华后形成的空隙通道大，水蒸气逸出的阻力小，因而制品干燥速度快；反之，树枝形和不连续的球状冰晶通道小或不连续，水蒸气靠扩散或渗透方能逸出，因而干燥速度

---

[1] 吕金虎主编《食品冷冻冷藏技术与设备》，华南理工大学出版社，2011，第 141 页。

慢。因此，仅从干燥速率来说，慢冻为好。

真空冷冻干燥是利用冰的升华原理，在高真空的环境条件下，将食品中冻结的冰直接从固态升华为气态，除去水分而不破坏物料原有的物理、化学结构。冷冻干燥产品能较好地保持食品原来的形状，减少食品色、香、味及营养成分的损失，减少了食品中脂质的氧化。冻干制品中蒸发的水分空间还存在，因而具有多孔结构，速溶性和快速复水性很好，避免了一般干燥方法中因物料内部水分向表面迁移而造成的营养损失。几乎所有的食品原料，如果蔬、肉禽、蛋、水产品等都可进行真空冷冻干燥加工，但真空冷冻干燥设备比较昂贵，加工中耗能也大，一般生产成本较高，但从产品流通的总成本、销售价格以及冷冻干燥法所独有的优点来看，冻干食品在实际生产中具有很高的应用价值。

真空冷冻干燥实验需要计算产品的脱水率，公式为：

$$脱水率 = \frac{m_1 - m_2}{m_1} \times 100\%$$

式中：m_1 为冻干前的质量（g）；m_2 为冻干后的质量（g）。

（三）实验装置及流程

实验装置主要由干燥箱、水汽凝结器、冻结装置、加热装置组成。

（1）干燥箱是冻干实验装置中的重要部件之一，它的性能好坏直接影响到整个冻干机的性能。它是一个密闭容器，在其内部主要有搁置制品的搁板，搁板的温度根据要求而定。箱体要有足够的强度，防止抽真空时变形。箱体应满足真空密封的要求。箱体壁面内部直角处有一定的圆弧半径，底面应有一定的坡度和坡向清洗排出口，以利于清洗液的排出。箱内应避免死角，以防清洗和消毒不净造成污染。箱内零部件布置尽量减少升华水汽流向水汽凝结器的流动阻力。

（2）水汽凝结器，原理为利用被冷却的表面使水汽凝结成水。水汽凝结器安装在干燥箱与真空泵之间，水汽的凝结是靠箱体与水汽凝结器之间的温度差作为推动力，故水汽凝结器冷表面的温度要比干燥箱的低。水汽凝结器也是真空系统容器之一，筒体应有足够的强度，筒体的密封要能满足真空密封的要求。筒体内应有足够的捕水面积，便于水蒸气的流动，但又不能产生短路。水汽凝结器的传热表面温度应与凝华压力相适应。

（3）冻结装置分为三种。第一种，静止抽空冻结。静止抽空冻结主要用于冻结固体制品，与一般箱内预冻装置很相似，不同的是搁板内没有制冷管道，而是将含水的固体物质置于搁板上，将箱内抽成真空。由于固体物质有一定形状，水分均匀地分布在这些物质中。抽空时水分蒸发，随着压力的降低蒸发量增大。用机械真空泵抽空而水汽又未完全凝结时，易将水汽直接抽入真空泵，导致水汽污染泵中的机油而使泵的效率降低。第二种，旋转抽空冻结。旋转抽空冻结主要用于液体的冻结，将装有液体的安瓿置于带有角度的离心机的真空箱内，先启动离心机，达到额定转速后，启动真空泵。此时安瓿内制品中的水分因减压吸收周围分子的热量而蒸发，未蒸发的部分因失热而冻结。离心的主要作用是不使安瓿内的液体沸腾起泡。这种冻结方法可以除去一定的水分，冻结后溶液的浓度会变高。第三种，喷雾冻结。液体从喷嘴中呈雾状喷到表面，当容器内是真空时，则由于水汽的蒸发使之冻结。该表面可以是一个旋转的圆盘或一条传送带，与喷嘴的距离为几厘米，喷嘴与圆盘的轴心平行。从喷嘴喷出的液体不会马上冻结，喷到盘子表面的液珠从盘子表面移开之后才发生蒸发冻结。这种冻结装置也可以用圆筒或鼓形物来代替圆盘，喷嘴与圆筒形的轴线相垂直，喷嘴置于圆筒形内部将液体喷在内壁上而产生冻结。

（4）加热系统及设备。在冷冻干燥装置中为了使冻结后的制品水汽不断从冷架中升华出来，必须要提供水汽升华所需的足够热量，因此要有加热系统，加热热量的多少取决于升华速率的快慢。按热量的提供方式不同，可分为直接加热和间接加热两种。第一种，直接加热方式一般采用电热法或红外加热器。第二种，间接加热方式是用载热体先加热载热介质，再将载热介质用泵送入搁板，在当前冻干设备中使用得最为普遍。

真空冷冻干燥的工艺流程为原料的前处理、原料的预冻、原料的速冻、真空脱水干燥、冻干后处理。

（四）实验操作

（1）前处理。固态食品原料的预处理过程包括选料、清洗、切分、烫漂和装盘等。液态食品原料的成分和浓度各不相同，若将它们直接干燥成粉末，耗能太大，一般采取真空低温浓缩或冷冻浓缩的方法进行预处理。

（2）预冻。产品在进行冷冻干燥时，需要进行预先冻结，才能进行升华干燥。预冻过程不仅是为了保护物质的主要性能不变，而且要使冻结后产品有合理的结构，以利于水分的升华。产品的预冻方法有箱内预冻法和箱外预冻法。箱内预冻法是直接把产品放置在冻干箱内的多层搁板上，由冻干机来进行冷冻。箱外预冻一种方法是某些小型冻干机没有可以预冻产品的装置，只能利用低温冰箱或酒精加干冰来进行预冻；另一种方法是专用的旋冻器，它可把大瓶的产品边旋转边冷冻成壳状结构，然后再进入冻干箱内。还有一种特殊的离心式预冻法，离心式冻干机就采用此法。利用在真空下液体迅速蒸发，吸收本身的热量而冻结。

（3）速冻。将装好的食品原料速冻，温度控制在 -35℃左右，时间约 2h。冻结终了温度约在 -30℃，使物料的中心温度在共晶点以下。速冻的目的是将食品内的水分固化，并使冻干后产品与冻干前具有相同的形态，以防止产品在升华过程中由于抽真空而发生浓缩、起泡、收缩等不良现象。一般来说，冻结得越快，物品中结晶越小，对细胞的机械损坏作用也越小。冻结时间短，蛋白质在凝聚和浓缩作用下不会发生变质。

（4）真空脱水干燥，包括升华干燥和解析干燥两个阶段。

第一阶段，冻结后的食品原料迅速进行真空升华干燥。食品原料在真空条件下吸热，冰晶就会升华成水蒸气从食品表面逸出。升华过程是从食品表面开始逐渐向内推移，在升华过程中由于热量不断被带走，要及时供给升华热能，来维持升华温度不变。当食品内部的冰晶全部升华完毕，升华过程便完成。当制品温度达到要求的温度后，依次复位循环泵、搁板制冷控制钮。然后按下冷凝器制冷控制钮，冷凝器内的蒸发器开始降温。当冷凝器内的蒸发器温度达到 -50℃以下时，按下真空泵控制钮，真空泵开始对系统抽气。稍后再缓慢地打开冷凝器与干燥箱之间的蝶阀。当干燥箱内的压力达到 10Pa 左右时，按下循环泵、搁板加热控制钮，搁板组开始升温，制品开始升华。当搁板组温度达到制品最高的许可温度并维持数小时时，冷凝器内的蒸发器温度进入下限低温，箱内压力 Pa 数为个位。

第二阶段，解吸干燥。升华干燥后，食品中仍然含有 10% 左右的水分[1]，为了达到将残留水分进一步去除的目的，需要进行解吸干燥。解吸干燥可以使食品迅速干燥到其最高允许温度范围，并在该温度下一直维持到冻干过程结束为止，才能达到产品所要求的水分含量。当料温与板层温度趋于一致时，且制品温度达到最高许可温度时，干燥过程即可结束。制品冻干完毕后，复位搁板加热、循环泵控制钮，停止对搁板组加热，并相继复位真空泵、冷凝器制冷、制冷机控制钮。关闭干燥箱与冷凝器之间的蝶阀，关闭蝶阀后复位真空泵控制钮。

（5）冻干后处理。当仓内真空度恢复接近大气压时打开仓门，开始出仓，将已干燥的产品立即进行检查、称重、包装。冻干食品的包装是很关键的。由于冷冻食品质地坚硬，外逸的水分留下通道，使冻干食品组织呈多孔状，因此与氧气接触的机会增加，为防止其吸收大气中的水分和氧气，可采用真空包装或充氮包装。为保持干制食品含水量在 5% 以下，包装内应放入干燥剂以吸附微量水

---

[1] 于殿宇：《食品工程综合实验》，中国林业出版社，2014，第 58 页。

分。另外包装材料选择密闭性好、强度高、颜色深的为宜。

（6）复原性检验。取 5～10g 试样置于 500mL 烧杯中，加入 200mL 温度 70～80℃的蒸馏水（水足以淹没样品），浸泡 3～5min 后，每隔 0.5h 捞出并在竹筛或漏勺中沥至无水下滴，再用干净毛巾吸干表面水分后称重，直至达到恒重为止，记录每次质量，检验产品复水后色泽、形状、气味等是否正常。[1] 根据复水前干制品质量及复水后质量计算复水比。根据复水期间质量变化与时间的关系，作出复水曲线。

复水比即干制品复水后的沥干质量与干制品复水前的质量之比，公式如下：

$$R_{复} = \frac{m_{复}}{m_{干}}$$

式中：$R_{复}$为复水比；$m_{复}$为干制品复水后沥干质量（g）；$m_{干}$为干制品试样质量（g）。

（五）实验报告要求

根据感官指标综合评价产品质量。将样品去除包装后，置于清洁的白瓷盘中，在明亮处用肉眼直接观测色泽、组织状态和杂质，嗅其气味，用温水漱口后品尝滋味，记录色泽、滋味口感、形态、复水性、杂质等指标。

通过实验完成冻干曲线时序的测定。冻干曲线是冻干箱板层温度与时间之间的关系曲线。一般以温度为纵坐标，时间为横坐标。它反映了在冻干过程中，不同时间板层温度的变化情况。冻干时序是在冻干过程中不同时间各种设备的启闭运行情况，冻干曲线和时序是进行冷冻干燥过程控制的基本依据。冻干曲线的影响因素包括产品的品种，产品不同则共熔点不同，共熔点低的产品要求预冻的温度低，加热时板层的温度也相应要低些。有些产品受冷冻的影响较大，有些产品则受影响较小。要根据试验找出一个产品的最优冷冻速率，以获得高质量的产品和较短的冷冻干燥时间。另外，不同产品对残余水分的要求也不同。残余水分含量要求低的产品，冻干时间需长些；残余水分含量要求高的产品，冻干时间可缩短。装量的多少也影响着冻干曲线，一是总装量的多少，二是每一容器内产品装量的多少。装量多的，冻干时间也长。容器的品种也是需要考虑的因素，底部平整和较清洁的瓶子传热较好，底部不平或玻璃厚的瓶子传热较差，会增加冻干所需时间。这些影响因素应该在实验报告中有所提及，根据实际情况做出针对性的实验结论。

---

[1] 丁武：《食品工艺学实验指导》，中国轻工业出版社，2020，第 1 页。

四、干燥曲线测定实验

（一）实验目的

掌握干燥曲线的测定方法。

（二）实验原理

当湿物料与干燥介质接触时，物料表面的水分开始汽化，并向周围介质传递。根据介质传递的特点，干燥过程可分为三个阶段。

第一阶段为预热阶段，物料在预热阶段中，含水率略有下降，温度则趋于湿球温度，干燥速率可能呈上升趋势变化，也可能呈下降趋势变化。预热阶段经历的时间很短，通常在干燥计算中忽略不计，有些干燥过程甚至没有预热。

第二阶段为恒速干燥阶段。干燥过程开始时，由于整个物料湿含量较大，其物料内部水分能迅速到达物料表面。此时干燥速率由物料表面水分的汽化速率所控制，故此阶段也称为表面汽化控制阶段。在这个阶段中，干燥介质传给物料的热量全部用于水分的汽化，物料表面温度维持恒定，物料表面的水蒸气分压也维持恒定，干燥速率恒定不变。

第三阶段为降速干燥阶段。当物料干燥到临界湿含量后，便进入降速干燥阶段。此时物料中所含水分较少，水分自物料内部向表面传递的速率低于物料表面水分的汽化速率，干燥速率由水分在物料内部的传递速率所控制，因此也称为内部迁移控制阶段。随着物料湿含量逐渐减少，物料内部水分的迁移速率逐渐降低，干燥速率不断下降。

恒速段干燥速率和临界含水量的影响因素主要有固体物料的种类和性质，物料层的厚度或颗粒大小，空气的温度、湿度和流速，以及空气与固体物料间的相对运动方式等。恒速段干燥速率和临界含水量是干燥过程研究和干燥器设计的重要依据。本实验在恒定干燥条件下对帆布物料进行干燥，测绘干燥曲线和干燥速率曲线（图4-2、图4-3），目的是掌握恒速段干燥速率和临界含水量的测定方法及其影响因素。

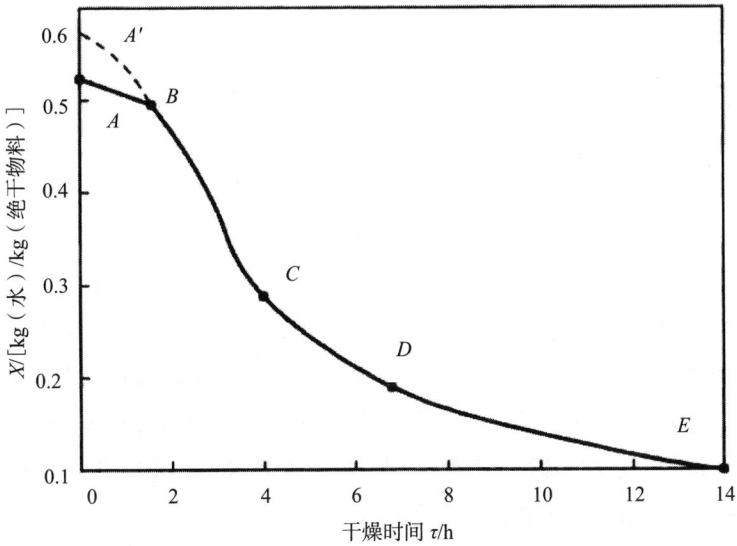

图 4-2　恒定干燥条件下的干燥曲线

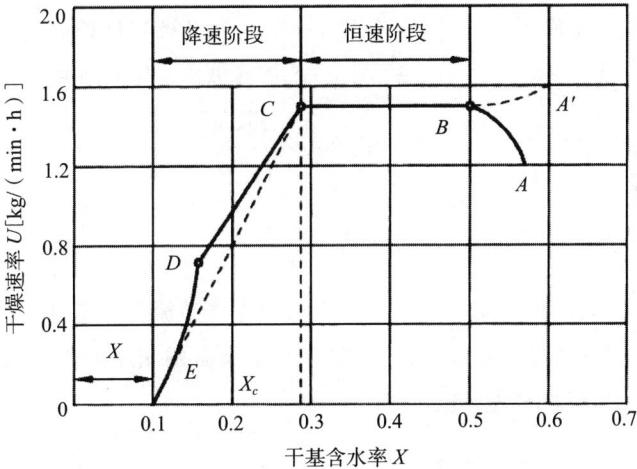

图 4-3　恒定干燥条件下的干燥速率曲线

干燥速率由下式计算：

$$U = \frac{\mathrm{d}W'}{S\mathrm{d}\tau} = \frac{\Delta W'}{S\Delta \tau}$$

式中：U 为干燥速率 [kg/（m² · h）]；S 为干燥面积（m²）；$\Delta\tau$ 为时间间隔（h）；$\Delta W'$ 为在 $\Delta\tau$ 时间间隔内干燥汽化水分分量（kg）。

物料干基含水量由下式计算：

$$X = \frac{G' - G'_c}{G'_c}$$

式中：X 为物料干基含水量 [kg（水）/kg（绝干物料）]；G' 为固体湿物料的量（kg）；G'_c 为绝干物料量（kg）。

恒速干燥阶段对流传热系数的测定，由下式计算：

$$U_c = \frac{dW'}{s d\tau} = \frac{dQ'}{r_{t_w} S d\tau} = \frac{a(t - t_w)}{r_{t_w}}$$

式中：α 为恒速干燥阶段物料表面与空气之间的对流传热系数 [$W/$（$m^2 \cdot$℃）]；U_c 为恒速干燥阶段的干燥速率 [kg/（$m^2 \cdot$ s）]；t_w 为干燥器内空气的湿球温度（℃）；t 为干燥器内空气的干球温度（℃）；r_{t_w} 为 t_w℃下水的汽化热（J/kg）。

干燥器内空气实际体积流量的计算，由节流式流量计的流量公式和理想气体的状态方程式可推导出下式：

$$V_t = V_{t_0} \times \frac{273 + t}{273 + t_0}$$

式中：V_t 为干燥器内空气实际流量（m^3/s）；t_0 为流量计处空气的温度（℃）；V_{t_0} 为常压下 t_0℃时空气的流量（m^3/s）；t 为干燥器内空气的温度（℃）。

$$V_{t_0} = C_0 \times A_0 \times \sqrt{\frac{2 \times \Delta P}{\rho}}$$

$$A_0 = \frac{\pi}{4} d_0^2$$

式中：C_0 为流量计流量系数，$C_0 = 0.65$；d_0 为节流孔开孔直径，$d_0 = 0.040m$；A_0 为节流孔开孔面积（m^2）；ΔP 为节流孔上下游两侧压力差（Pa）；ρ 为孔板流量计处 t 时空气的密度（kg/m^3）。

（三）实验装置及流程

实验采用图 4-4 所示的实验装置，新鲜空气与循环气混合后经鼓风机输送进入空气加热器，热空气在洞道干燥箱内与湿物料进行热质传递后，一部分废气排出，一部分与新鲜空气混合进行废气循环。实验中除了使用鼓风机、空气加热器、洞道干燥箱外，还需要准备蝶阀 1—4、流量计、温度计、干球温度计、湿球温度计、重量传感器。

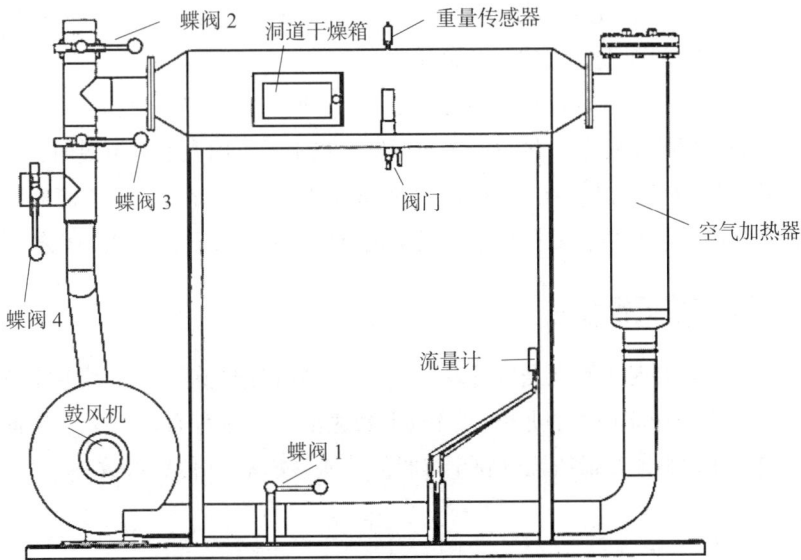

图 4-4　干燥曲线测定实验装置

（四）实验操作

（1）开启控制箱总电源开关，将待干燥物料（帆布）放入水中浸湿，打开阀门，将湿球温度计的管道用烧杯加满水，关闭阀门。

（2）打开蝶阀 1、蝶阀 2 和蝶阀 4 后，在控制面板上启动风机按钮。

（3）打开蝶阀 3，关闭蝶阀 4，调节蝶阀 2 开度将空气流量控制在一定值后再启动加热。

（4）在控制面板上先打开加热开关按钮，然后在宇电仪表上设置所需加热温度。

（5）待加热到所需温度后，在空气温度、流量稳定条件下，读取并记录称重传感器测定支架的重量，同时记录控制面板上湿球温度、干球温度、加热器进口温度、加热器出口温度和孔板压差读数。

（6）打开洞道干燥器视窗口，将充分润湿的帆布固定在重量传感器上，固定好后将干燥器视窗口关紧，并记录此时称重数显表上读数。

（7）待温度和风量稳定后，记录干燥时间，每隔 3min 记录实验数据湿球温度、干球温度、加热器进口温度、加热器出口温度、孔板压差读数和称重数显表读数，直至干燥物料的重量不再明显减轻为止。

完成上述步骤后，改变空气流量和空气温度，重复上述实验步骤并记录相关

101

数据。实验结束时，先关闭加热电源，待干球温度降至常温后关闭风机电源开关，然后关闭控制面板电源和总电源开关。

实验时应该注意重量传感器的精度比较高，所以在放置干燥物料时务必轻拿轻放，以免有损或降低重量传感器的灵敏度。当干燥器内有空气流过时才能开启加热装置，以避免干烧损坏加热器。干燥物料要保证充分浸湿但不能有水滴滴下，否则将影响实验数据的准确性。实验进行中不要改变智能仪表的设置。

（五）实验报告要求

完成实验后要对实验数据进行处理，根据实验数据绘制干燥曲线和干燥速率曲线。根据干燥速率曲线读取恒速阶段干燥速率 U_c、临界含水量 X_c、平衡含水量 X。然后计算恒速干燥阶段物料干燥时的传质系数 k_H 和传热系数 α。

实验三 超微粉碎实验

一、实验目的

了解超微粉碎技术；掌握超微粉碎的基本方法；观察物料不同粉碎程度下的变化；分析物料的营养物质溶解性及起泡性。

二、实验原理

制备超微粉体最常用的方法是粉碎法，通过对物料冲击、碰撞、剪切、研磨等手段，施以冲击力、剪切力或几种力的复合作用，达到超细粉碎的目的，食品的超微粉体制备也主要采用此方法。其工艺过程分为一次粉碎和二次粉碎。一次粉碎就是在一台设备上同时完成粉碎、筛选、分离、再粉碎的过程。二次粉碎是先对物料进行粗粉碎，然后再采用超细粉碎机完成超细粉碎加工，其工艺流程为先对原料筛选、清选、干燥、粗粉碎后，再进行超细粉碎和风选分级，最终形成超细粉体产品的成品粒度在 10 ～ 25μm[1]。这种粉碎具有速度快、可低温粉碎、粒径分布均匀、原料利用率高、污染少等特点。

超微粉碎实验测量的数据为粉碎比，即给料中最大颗粒的尺寸与粉碎产品的粒度之间的比值，各种粉碎机械的粉碎比是不相同的。同时，也需要测量粉碎能耗，这是物料超微粉碎时外力所做的功。粉碎能耗包括颗粒在粉碎发生前的变形能；粉碎产品新增表面积的表面能；颗粒表面结构发生变化时所消耗的能量，如表面形成定型层或氧化层等；晶体结构发生局部错位变化所消耗的能量；工作件（轴、棒、齿、叶片等）、物料、磨介之间的摩擦、振动及其他能耗。

目前，广泛采用的超微粉碎设备主要有两种，即辊压粉碎机与辊碾粉碎机。实验采用的辊压粉碎机一般为双辊粉碎机，其中一辊筒固定，另一辊筒可往复移动，以控制两筒间距。辊筒可带夹套，视粉碎需要向夹套内通冷却水降温或通入盐水和水蒸气加热辊面和物料。两辊筒在电机带动下向内以不同速率转动，物料在辊筒转动时被带入辊间而被挤压粉碎，又因两辊转速不同使物料受到摩擦、剪切作用而被分开，最终物料在挤压力与剪切力的共同作用下被微细化。根据粉碎粒度要求，可采用多次循环进行粉碎，也可采用三辊或四辊联用进行连续粉碎。影响粉碎效果的主要因素是辊筒直径，增大辊筒直径可提高产量，并增大粉碎比，使粉体粒度变细。当辊筒直径增大后，被粉碎物料在两辊间的停留时间延长，所受挤压剪切力增大，因此粉碎效果增强。利用辊压法可生产超微粉体，若进一步采用湿法辊压粉碎还可获得粒径在 10μm 以下的产品。因此，辊压法在油墨、涂料、军工及食品行业均有应用。

辊碾粉碎机是生产超微粉体的先进设备，主要用于湿式粉碎，可获得粒径在 1μm 以下的产品。辊碾粉碎机的基本结构是将单根或多根棒或管作为辊碾介质装入磨腔，再通过动力使之旋转。物料在棒与管或管与管之间以及磨腔内受到碰撞、挤压、剪切和研磨等作用而被粉碎。其设备包括棒磨机、雷蒙磨等，通常只将物料粉碎至 0.1 ～ 0.4mm，因此只能用于普通粉体的生产或超微粉碎前的预处理。

三、实验装置与流程

实验装置包括超微粉碎机、紫外光光度计、数显分散机、离心机、激光粒度分析仪等。

---

[1] 张孔海：《食品加工技术》，中国轻工业出版社，2014，第 323 页。

流程是将需要粉碎的物料放入超微粉碎机中进行粉碎处理，调节变频器制备不同规格的粉体，在出料口收集粉体，然后使用不同的仪器进行测量。

四、实验操作

（1）采用超微粉碎机对物料（花生、核桃等）进行超微粉碎处理，在 15Hz、25Hz、35Hz、45Hz 的不同频率下制备不同规格的粉体。

（2）采用激光粒度分布仪对核桃蛋白粉体进行粒径测定。

（3）溶解性蛋白含量测定。称取物料粉末 0.5g，加入 100mL 蒸馏水，用磁力搅拌器搅拌 1h，再用离心机进行离心，将上清液过滤到 100mL 容量瓶中备用，采用考马斯亮蓝法测量蛋白含量，计算物料粉末的溶解性。

（4）测量起泡性。将 50mL10mg/mL 的物料粉末溶液搅拌 30min，然后进行高速离心，将混合物立即转入量筒中，记录溶液和泡沫的总体积 V_1，静置 0.5h 后，记录溶液和泡沫总体积 V_2，计算起泡性。

五、实验报告要求

实验报告需要记录不同粉碎频率下获得的粉末粒径；描述超微粉碎对物料蛋白微观结构的影响；记录不同粒径粉末蛋白溶解性及不同粒径粉末制得溶液的起泡性。

实验四　流体的过滤实验

课 件 资 源

一、实验目的

熟悉压滤机的构造与操作方法；通过恒压过滤实验，验证过滤基本理论；学会测定过滤常数的方法，并了解过滤压力对过滤速率的影响。

二、实验原理

过滤是借助一种能将固体滤渣物截留而让流体通过的多孔介质，将固体物从液体中分离出来。由于滤渣厚度随着时间增加，所以恒压过滤速度随着时间降低。不同物料形成的悬浮液，其过滤常数差别很大，即使是同一种物料，由于浓度不同，滤浆温度不同，其过滤常数也不尽相同，故要有可靠的实验数据作参考。

过滤有两种不同的操作方式，即恒压过滤和恒速过滤。恒压过滤是指操作压力保持不变的过滤。这时，因滤饼积厚，阻力逐渐增大，过滤速率逐渐降低。恒速过滤则是过滤速率保持不变，而压力需逐渐加大，通常过滤操作多为恒压过滤，恒速过滤较少。有时，也会先采用恒速过滤而后用恒压过滤。两种过滤方程如下。

恒压过滤：

$$q^2+2q_eq=Kt$$

恒速过滤：

$$q^2+q_eq=kp^{1-s}t$$

式中：q 为单位过滤面积获得的滤液体积（m^3/m^2）；q_e 为单位过滤面积的当量滤液体积（m^3/m^2）；t 为过滤时间（s）；K 为过滤常数（m^2/s）；p 为过滤表压力（Pa）；s 为滤饼的压缩性指数（$0<s<1$）。

过滤常数的定义式：

$$K=2kp^{1-s}$$

两边取对数：

$$\lg K=（1-s）\lg p+\lg（2k）$$

通过实验数据描绘 t/q-q 直线，通过直线求常数 K、q_e，代入恒压过滤方程。测定不同压力下 K，描绘 $\ln K$-$\ln p$ 直线，通过直线求常数 k、s。

过滤实验需要求得过滤速率，过滤速率受到压强差、滤饼厚度、悬浮液的性质及黏度等影响。也可参考如下公式：

$$U=\frac{\mathrm{d}V}{A\mathrm{d}\theta}=\frac{Ap^{1-s}}{\mu\cdot r\cdot C(V+V_e)}=\frac{Ap^{1-s}}{\mu\cdot r'\cdot C'(V+V_e)}$$

式中：V 为滤液体积（m^3）；V_e 为过滤介质的当量滤液体积（m^3）；θ 为过滤时间（s）；A 为过滤面积（m^2）；p 为过滤压力（Pa）；μ 为滤液黏度（Pa·s）；r 为基于面积的滤渣比阻（m^{-2}）；r' 为基于质量的滤渣比阻（m/kg）；C 为单

位滤液体积的滤渣体积（m^3/m^3）；C' 为单位滤液体积的滤渣质量（kg/m^3）；s 为滤渣压缩性系数，本实验中 $CaCO_3$ 滤渣 $s=0.19$。

三、实验流程及装置

本实验装置由空气压缩机、配料槽、压力料槽、板框过滤机等组成。

实验流程：$CaCO_3$ 的悬浮液在配料桶内配制到一定浓度后，利用压差将其送入压力料槽中，用压缩空气加以搅拌使 $CaCO_3$ 不致沉降，同时利用压缩空气的压力将滤浆送入板框过滤机过滤，滤液流入量筒计量，压缩空气从压力料槽上排空管中排出。

四、实验操作

（1）配料准备。在配料罐内配制含 $CaCO_3$ 8% ～ 15% 的水悬浮液，$CaCO_3$ 事先由天平称重。配置时，应将配料罐底部阀门关闭。然后开启空气压缩机，将压缩空气通入配料罐，使 $CaCO_3$ 悬浮液搅拌均匀。搅拌时，应将配料罐的顶盖合上。

（2）开始过滤。通压缩空气至压力罐，使容器内料浆被不断搅拌。压力料槽的排气阀应不断排气，但注意不能喷浆。将中间双面板下通孔切换阀开到通孔通路状态。打开进板框前料液进口的两个阀门，打开出板框后清液出口球阀。此时，压力表指示过滤压力，清液出口流出滤液。

（3）测量度数。每次实验应将滤液从汇集管刚流出的时候作为开始时刻，每次 ΔV 取 800mL 左右。记录相应的过滤时间 $\Delta \tau$。每个压力下，测量 8 ～ 10 个读数即可停止实验。

（4）关闭板框过滤的进出阀门，将中间双面板下通孔切换阀开到通孔关闭状态。打开清洗液进入板框的进出阀门。此时，压力表指示清洗压力，清洗液出口流出清洗液。清洗液流动约 1min，可观察浑浊变化以判断结束。一般物料可不进行清洗过程。结束清洗过程，关闭清洗液进出板框的阀门，关闭定值调节阀后进气阀门。

实验时需要注意，量筒交换接滤液时不要流失滤液，待量筒内滤液静止后读出 ΔV 值。每次均将滤液及滤饼收集在小桶内，滤饼弄细后重新倒入装浆桶内搅拌配料，进入下一个压力实验。注意若清水罐水不足，可补充一定水源，补水时仍应打开该罐的泄压阀。在夹紧滤布时，千万不要把手指压伤，先慢慢转动手轮使板框合上，然后压紧。

五、实验报告要求

由恒压过滤实验数据测定过滤常数 K、q_e、τ_e；比较几种压差下的 K、q_e、τ_e 值，讨论压差变化对以上参数数值的影响；在直角坐标系上绘制 $\lg K$-$\lg \Delta p$ 关系曲线。

实验五　超临界流体萃取实验

课件资源

一、实验目的

了解超临界流体萃取技术分离的基本原理；熟悉超临界流体萃取设备的基本构造；掌握超临界流体萃取技术分离的基本操作；利用超临界流体萃取技术提取某种成分，如风味物质、色素等。

二、实验原理

一般物质都具有气、液、固三态，当液相和气相在常压下达到平衡状态时，两相的物理性质，如黏度、密度等相差显著。在较高的压力下，这种差别逐渐缩小，当达到某一温度与压力时，两相差别消失合并成一相，此状态点称为临界点，此时的温度与压力分别称为临界温度与临界压力，当温度和压力略超过临界点时，其流体的性质介于液体和气体之间，称为超临界流体。

超临界流体萃取是一种新型的萃取分离技术，该技术是利用流体（溶剂）在临界点附近超临界区内，与待分离混合物中的溶质具有异常相平衡行为与传递性能，且它对溶质的溶解能力随压力、温度改变而在相当宽的范围内变动这一特性，实现溶质分离的一项技术。利用这种超临界流体作为溶剂（如 CO_2），可从多种液态或固态混合物中萃取出待分离的组分。由于在临界点附近，流体温度或压力的微小变化会引起溶解能力的极大变化，使萃取后溶剂与溶质容易分离，具有萃取效率高、萃取时间短的特点。并且，超临界流体具有与液体接近的溶解能力，同时它又保持了气体所具有的传递性，有利于高效分离的实现。利用超临界流体可在较低温度下溶解或选择性地提取出相应难挥发的物质，更好地保护热敏性物质。

超临界流体分离方法有多种，典型的有变压分离、变温分离和吸附分离。变压分离萃取是应用最方便的一种。变压分离即在一定温度下，使溶有溶质的超临界流体经节流阀降压，经膨胀后溶质与流体分离，溶质由分离器下部取出，萃取流体经压缩机返回萃取器中循环使用。变温分离萃取流程是溶有溶质的超临界流体经过换热器改变温度，溶解度下降，溶质与萃取剂分离。从分离器下部取出萃取物，萃取流体经冷却、压缩后返回萃取器中循环使用。吸附分离萃取流程是在分离器中，经萃取出的溶质被吸附剂吸附，萃取流体经压缩后返回萃取器中循环使用。这种方法适用于除去物料中可溶性杂质，萃取器中的萃余物往往为所需的产品。

超临界流体萃取技术在农产品加工中的应用日益广泛，已开始进行工业化规模的生产。目前，超临界二氧化碳萃取技术在农产品加工中的应用研究已经较为广泛，涵盖农产品风味成分的萃取、动植物油的萃取分离、农产品中某些特定成分的萃取、农产品脱色脱臭脱苦、农产品灭菌防腐等方面。

超临界流体萃取的萃取率计算公式为：

$$萃取率 = \frac{m_1 w_1 - m_2 w_2}{m_1 w_1} \times 100\%$$

式中：m_1、m_2 分别为萃取前和萃取后原料的质量（g）；w_1 为萃取前原料中油脂质量分数；w_2 为萃取后原料中残留油脂质量分数。

三、实验流程及装置

实验设备包括超临界萃取设备、干燥箱、粉碎机、天平、分析筛、钢瓶装 CO_2 气体（食品级）。

实验流程：将新鲜物料（大豆胚芽、玉米胚芽等）经过减压干燥、粉碎、过筛、称重后送入萃取罐中，待升温升压到预定水平后，通入超临界 CO_2 进行流体萃取，然后进行减压分离得到产物。

四、实验操作

（1）预处理。将新鲜物料进行清洗，然后在干燥箱内以 45～50℃低温烘干，烘干时间根据物料的实际情况而定。烘干后将物料放入粉碎机粉碎、过筛。

（2）萃取分离。检查设备情况，将一定质量欲萃取的物料放入萃取釜；如是固体物料应先装入料筒，再将料筒装入固体萃取釜。液体物料可直接倒入萃取釜，也可以使用辅泵将液体物料注入。按工艺要求分别将温度控制仪表预置到工艺所要求的温度，将电接点压力表的上限指针预拨到比萃取压力高 1～2MPa 的位置。

（3）循环萃取。首先闭合漏电保护开关；闭合空气开关；按下预热器及循环泵的按钮开关；驱赶各容器中混入的空气；给萃取釜加压。

（4）停机、收料。萃取完毕后先停主泵、关闭制冷机；待萃取釜、分离釜、净化器、蒸发器等各部分压力平衡后，关闭开关，使萃取釜与系统隔离；慢慢打开萃取釜放料阀，释放萃取釜中剩余的 CO_2 气体，直至压力表指针为"0"。然后取出料筒，收集分离物料。

五、实验报告要求

记录相关实验数据，描述萃取的过程，对萃取所得物质的分析结论进行说明，提出关于实验的改进建议等。

实验六　膜分离实验

课件资源

一、实验目的

了解膜分离过程的原理和特点；了解膜的结构和影响膜分离效果的因素，包括膜材质、压力和流量等；了解膜分离的主要工艺参数，以及在食品中的应用；

熟悉基本操作方法。

二、实验原理

膜分离技术又称超滤技术，利用膜的选择透过性，在压力差、浓度差、电位差等驱动力的作用下，在维持原生物体系环境条件下选择性地对多组分的溶质和溶剂进行分离，能够有效去除杂质、高效浓缩、富集产物，是提取、浓缩、纯化的一种新型分离技术。在整个膜分离过程中无变相、无加热，可充分保证热敏性物质的活性。膜分离过程有多种，不同的过程所采用的膜及施加的推动力不同，通常称原料液流侧为膜上游，透过液流侧为膜下游。膜分离技术按照截留相对分子质量的大小分为微滤、超滤、纳滤、反渗透、电渗析等方法。

以压差为推动力的几种膜分离过程的主要区别在于被分离物粒子或分子的大小、所采用膜的结构与性能。微滤膜的孔径范围为 $0.05 \sim 10\mu m$，所施加的压差为 $0.015 \sim 0.2MPa$。微滤过程中，被膜截留的通常是颗粒性杂质，可将沉积在膜表面上的颗粒层视为滤饼层，则其实质与常规过滤过程近似。本实验中，以含颗粒的浑浊液或悬浮液经压差推动通过微滤膜组件，改变不同的料液流量，观察透过液侧清液情况。

溶剂分子在压力作用下由浓溶液一侧向稀溶液一侧迁移的过程称为反渗透。反渗透常被用于截留溶液中的盐或其他小分子物质，所施加的压差与溶液中溶质的相对分子质量及浓度有关，通常压差在 $2MPa$ 左右，也有高达 $10MPa$ 的。反渗透膜的选择透过性与组分在膜中的溶解、吸附和扩散有关，即与膜孔的大小、结构，膜的化学、物理性质等有关。反渗透的应用领域目前已从海水、苦咸水脱盐淡化发展到化工、食品、制药及造纸工业中某些有机物和无机物的分离。

介于反渗透与超滤之间的过程为纳滤过程，纳滤膜分离技术因纳滤膜表面孔径处于纳米级且能够除去尺寸约为 1nm 的分子而得名，膜的脱盐率及操作压力通常比反渗透低。纳滤膜是以 $0.5 \sim 1.47MPa$ 的压差为推动力进行膜分离。纳滤膜分离时，溶质与溶剂首先在膜的上游（料液侧）表面吸附并溶解，然后在各自化学位差的推动下以分子扩散方式通过膜的活性层，最后溶质与溶剂在膜的下游（透过液侧）表面解吸，实现物料的分离。因此，纳滤膜通量主要受溶解度的差异和在膜中扩散性能的差异影响。总体上，纳滤膜对于阳离子的截留率一般是 Mg^{2+}、Cu^{2+} 等离子较高，对于阴离子截留率一般是 SO_4^{2-}、CO_3^{2-} 等离子较高。●

● 孙金堂：《化工原理实验》，华中科技大学出版社，2011，第 141 页。

通常，随着溶质浓度增加，膜的截留率下降。因为高浓度使膜电荷受到很强的屏蔽，导致离子进入膜而透过。纳滤膜的优势在于，其分离过程无任何化学反应，无须加热，无相转变，使用压差较小，能够保持物料的生物活性、风味及香味，在食品领域有着较为广泛的利用。

一般来说，膜组件的性能可用截留率 R、透过液通量 J 和溶质浓缩倍数 N 来表示。对于不同的溶质成分，在膜的正常工作压力和工作温度下，截留率不尽相同，因此这也是工业上选择膜组件的基本参数之一。截留率 R 计算公式：

$$R = \frac{c_0 - c_P}{c_0} \times 100\% = (1 - \frac{c_P}{c_0}) \times 100\%$$

式中：R 为截留率，用百分比（%）表示；c_0 为原料液中溶质的浓度（mg/L）；c_P 为透过液中溶质的浓度（mg/L）；$\frac{c_P}{c_0}$ 为溶剂透过率。

一般膜组件出厂均有纯水通量这个参数，即日常自来水（其中主要含有钙离子、镁离子等溶质成分）通过膜组件得出的透过液通量。透过液通量 J 的计算公式：

$$J = \frac{V_P}{S_\tau} = \frac{Q}{S}$$

式中：J 为透过液通量 [L/（m²·h）]；V_P 为透过液的体积（L）；S 为膜面积（m²）；τ 为分离时间（h）；Q 为透过液的体积流量，$Q = V_P/\tau$，在把透过液作为产品侧的某些膜分离过程中，该值用来表征膜组件的工作能力。

N 值的大小反映了浓缩液和透过液的分离程度的高低，在某些以浓缩液为产品的膜分离过程中（如大分子提纯、生物酶浓缩等），它是重要的膜性能表征参数。溶质浓缩倍数 N 计算公式 $N = c_R/c_P$ 中，c_R 为浓缩液的浓度（mg/L）。

三、实验装置及流程

根据膜分离实验使用的过滤膜不同，可将实验装置分为两种，第一种适合进行微滤实验，主要由清洗液槽、保护液槽、进料泵、预过滤膜、微滤膜、清液槽、原液槽、浓液槽、流量计组成。第二种适合进行纳滤、反渗透实验，主要由纳滤膜、反渗透膜、高压泵、离心泵、预过滤器、水箱、回水箱、转子流量计等组成。

采用第一种装置的相应实验流程：将原料槽中原料液由进料泵输送，经预过滤膜从下端进入膜组件，透过液经清液流量计计量后进入清液槽，最后返回原液槽；浓缩液经浓液流量计计量后进入浓液槽，最后返回原料槽。其中，预过滤器主要是截留不溶性杂质以起到保护膜组件的作用。

采用第二种装置的相应实验流程：原料液由离心泵输送经预过滤器过滤后从下端进入膜组件，透过液自膜组件的底部经转子流量计计量后排出，浓缩液从膜组件上部经转子流量计计量后排出，最后清洗膜组件的洗涤水从膜组件的顶部排出。

四、实验操作

（一）采用第一种装置的相应实验操作

（1）制作聚乙二醇水溶液，浓度在 5g/L 左右。

（2）排尽膜组件中的保护液，用清水清洗 3 次，排尽清洗液后全关所有阀门。

（3）计量配制好的聚乙二醇水溶液体积（一般为 15L），记录后加入原料槽中。然后用移液管取料液 5mL，放入 50mL 容量瓶并稀释至刻度，用分光光度计测定并记录原料液中聚乙二醇的初始浓度。

（4）打开进料泵回流阀和进料泵出口阀，全开过滤膜进口阀、出口阀和浓液出口阀，全开清液流量计调节阀、清液槽出口阀、浓液流量计调节阀和浓液槽出口阀，则整个超滤单元回路已畅通。

（5）在控制柜中打开进料泵开关，同时观察膜组件进口压力表显示的读数，通过进料泵回流阀和进料泵出口阀控制料液通入流量，从而保证膜组件在适宜压力下稳定工作。每隔一段时间（4min 左右）记录一次透过液流量，并在清液槽出口阀处的软管取样，并用分光光度计测定；运转一段时间后，另在浓液槽出口阀处的软管取样，分别测定并记录各样品中聚乙二醇浓度。

（6）改变流量或压力，重复测定 1 ～ 2 次。

最后结束实验。放尽膜组件和原料槽中的聚乙二醇水溶液后，用清洗液代替原料液，对膜组件进行彻底清洗。另外，还要往装置中加保护液，对膜组件进行保护，然后密闭系统以免保护液挥发。

（二）采用第二种装置的相应实验操作

利用第二种装置可做纳滤与反渗透实验。

（1）纳滤实验。

①用超滤膜制备纳滤用的原料水。

②关闭纳滤膜组件进口阀和反渗透膜组件进口阀，关闭反渗透膜组件透过液出口阀和浓缩液出口阀，全开高压离心泵出口至水箱的回流阀，启动高压泵。

③全开纳滤膜组件进口阀和透过液出口阀，部分开启浓缩液出口阀，然后逐渐关闭泵出口的回流阀。

④将浓缩液出口流量调节至合理范围，浓缩液和透过液均需排放 10min 左右，然后开始收集并计量浓缩液和透过液，计算水的回收率、渗透通量和透过率，并比较分离前后电导值的大小。

（2）反渗透实验。

①用超滤膜制备纳滤用的原料水。

②关闭纳滤膜组件进口阀和反渗透膜组件进口阀，关闭纳滤膜组件透过液出口阀和浓缩液出口阀，全开高压离心泵出口至水箱的回流阀，然后启动高压泵。

③全开反渗透膜组件进口阀和透过液出口阀，部分开启浓缩液出口阀，然后逐渐关闭（或关小）泵出口的回流阀。

④将浓缩液出口流量调节至合适范围。浓缩液和透过液均需排放 10min 左右，然后开始收集并计量浓缩液和透过液，计算水的回收率、渗透通量和透过率，并比较分离前后电导值的大小。

进行实验时需要注意，本实验装置均为科研用膜，透过液通量和最大工作压力均低于工业上实际使用情况，实验中不可让膜组件在超压状态下工作。系统停机前应全开清水阀门循环冲洗数分钟。超滤装置如果 10h 以上不用，须加入保护液并密闭系统，避免保护液损失。纳滤和反渗透短期停机，应每隔两天通水一次，通水时间不得少于 30min，长期停机应采用 1% 硫酸氢钠或甲醛液注入组件内，然后关闭所有阀门，严禁细菌侵蚀膜元件。将分析仪器清洗干净，放在指定位置。切断所有装置电源。

五、实验报告要求

完成实验记录表及数据处理表，记录料液总体积、操作压力、料液流量、料液初浓度、清液总体积等数据，并以一组数据为例详列计算过程。

计算透过液通量（渗透通量），并以时间为横坐标作图（J-t 图）。

利用膜性能表征的有关公式，计算溶质的截留率 R、浓缩倍数 N 等。

分析讨论改变操作压力对膜分离效果的影响。比较分离前后水的电导值的大小。

实验七　超滤实验

一、实验目的

　　了解超滤操作的整个过程；了解预压对超滤膜透过性能的影响；掌握超滤的操作流程。

二、实验原理

　　超滤属于一种膜分离技术。超滤膜孔径在 1 ～ 100nm，超滤可有效去除料液中的胶体、蛋白质、大分子有机物和微生物等，以及直径不大于 0.1μm 的微粒，其压差范围为 0.1 ～ 0.5MPa。超滤过程溶质的截留包括在膜表面和孔中（一次吸附），在膜孔内被阻塞，在膜表面机械截留（筛滤作用）。在超滤的前期阶段是吸附和阻塞起作用，后期主要是筛滤作用。要达到良好的分离效果，除要选用合适的膜之外，一般要求被分离的组分间的相对分子质量至少相差 10 倍以上。

　　最早出现的超滤膜是纤维素衍生膜，逐渐出现其他聚合物超滤膜。超滤膜按材料分为有机超滤膜和无机超滤膜两类。制备超滤膜的高分子材料主要有醋酸纤维素、聚丙烯腈、聚酰胺、聚偏氟乙烯、再生纤维素等。超滤膜多数为非对称结构，由一层极薄的具有一定孔径的表层和较厚的海绵状多孔层组成，前者起分离作用，后者起支撑作用。

　　超滤实验过程中一些数据计算公式如下。

　　溶质截留率：

$$R = (1 - \frac{c_3}{c_2}) \times 100\%$$

　　通常以表面分利率表示为：

$$R = (1 - \frac{c_3}{c_1}) \times 100\%$$

式中：R 为溶液中指定溶质的截留率（%）；c_1 为被分离主体溶液浓度；c_2 为在高压侧膜与溶液界面浓度；c_3 为通过浓度（mol/L）。

溶液透过速度：

$$J = \frac{V}{A} \times t$$

式中：V 为通过液的体积（mL）；A 为超滤膜的有效面积（cm^2）；t 为运转时间（h）。

三、实验流程及装置

超滤实验装置包括贮液罐、球阀、压力表、容积泵、评价池等。

超滤实验过程：把配制好的一定浓度的特定溶质的溶液放进贮液罐，通过容积泵进入评价池，透过液用容器收集，截留液流回贮液罐。透过液直接和大气相通，超滤可认为在表压下操作，超滤的压力通过球阀来调节。

四、实验操作

（1）配置具有一定溶质的溶液，溶质直径不大于 0.1μm。

（2）关闭进口阀，向料液桶中加入配置好的溶液（液位要高于泵体，并且足够整个系统循环）；打开泵的排气孔，排尽泵内部的空气后拧紧。

（3）启动容积泵，打开出口阀，并半开进口阀，然后从小到大不断关闭出口阀，使出口压力表的读数为 0.4MPa，记下通量。[1]并分别测定溶液、超滤液、截留液中溶质的含量。测定完毕后，先打开出口阀，再关上进口阀，并关闭泵，结束实验。

（4）实验结束后，清洗各个组件。

实验时应该注意，实验过程中，进料槽内的液体不能降低到进料泵会吸入空气的水平高度，吸入空气会使泵及膜受到损坏。所使用的压力不能超过表的读数范围。开始实验时，应先开电源，再开进口阀。结束实验时应先关进口阀，再关电源。

---

[1] 冯红艳：《化学工程实验》，中国科学技术大学出版社，2014，第 152 页。

五、实验报告要求

实验应做好详细的数据记录，将多次实验结论记录下来，需要将实验中的进口压力、出口压力、平均压力、透过液通量、透过液电导率、截留液电导率等记录下来，并计算透过速率。

实验八　电渗析脱盐实验

课件资源

一、实验目的

了解电渗析脱盐原理、电渗析器的结构及脱盐工艺流程、操作控制；测定电渗析电压与电流关系曲线，求取极限电流值；测定流量与脱盐率关系曲线。

二、实验原理

电渗析是利用离子交换膜的选择性，电解质溶液中正负离子在排列有阴阳离子交换膜的直流电场中实现定向迁移，达到从溶液中分离离子的目的。电渗析主要用于溶液的脱盐和小分子电解质的分离。电渗析与超滤、反渗透有相同点，都是利用半透膜使溶液和溶剂分离的单元操作。但是它们之间也有区别，电渗析是在外电场作用下，利用一种特殊的对离子具有不同选择透过性的离子交换膜，使溶液中阴、阳离子与溶剂分离。[1]电渗析实验采用阳离子交换膜与阴离子交换膜，阳离子交换膜由阳离子交换树脂制成，膜的高分子链上具有可与阳离子交换的活性基团；阴离子交换膜由阴离子交换树脂制成，即膜的高分子链上具有可与阴离子交换的活性基团。在电渗析时，阳膜只允许阳离子通过，阴膜只允许阴离子通过。

本实验涉及脱盐率的计算，脱盐率指进出淡水室的水的含盐量之差与进淡水

[1] 赵思明：《食品工程原理》，科学出版社，2016，第397页。

室的水的含盐量之比值的百分率。脱盐率也表示电渗析分离溶液中离子的能力，是判断电渗析器运行效果的主要指标之一。脱盐率可表示为

$$\eta = \frac{C_1 - C_2}{C_1} \times 100\%$$

式中：η 为脱盐率（％）；C_1、C_2 分别为进、出水口溶液含盐量（mmol/L）。

因在稀溶液情况下，溶液含盐量 C 与其电导率 K（μS/cm）近似成正比关系，故脱盐率可直接由进出淡水室水的电导率来计算，即

$$\eta = \frac{C_1 - C_2}{C_1} \times 100\% = \frac{K_1 - K_2}{K_1} \times 100\%$$

根据法拉第电解定律可知脱盐率与电渗析的膜对数 n、电流大小 I、电流效率 η_I 及经淡水室的水流量 Q 等参数间具有下列关系：

$$\eta = \frac{nI\eta_I}{FQC_1}$$

式中：F 为法拉第常数 96600（A·S/eq）；Q 为水流量（L/h）；I 为电流（A）。

由于在小于极限电流下运行时电流效率 η 基本稳定，因此对一定的电渗析器（膜对数 n 一定），控制其操作电流 I 不变，并保持进水浓度 C_1 基本不变的情况下，脱盐率 η 与水流量 Q 成反比关系，通过改变 Q 值，测量进、出淡水室的电导率 K_1、K_2，并求得对应的 η，就能绘出 η-Q 关系曲线。

三、实验装置及流程

电渗析实验过程中需要使用的主要设备及检测仪器有以下几种。

电渗析器：一级一段，钛镀钙极板，采用聚丙烯，双层编织网隔板，内装聚苯乙烯阴阳离子交换膜。

整流器：由单相自耦交变器及桥式整流器组成，整流器盘面上记有直流电压、电流表，正向启动、反向启动及停止按钮，电压调节手轮。

电导率仪：主要用于测定溶液电阻并将其转换成电导率，标记于表盘上。根据测得的电导率值及被测溶液组分，可根据有关资料或实测的电导率与溶液浓度关系曲线，查得溶液的浓度。

其他装置包括淡水槽、淡水泵、过滤器、调节阀、转子流量计等。

为保持测定过程中浓、淡水电导率（浓度）基本稳定，实验采用交叉送液，即从淡水槽出来的水经淡水泵进入电渗析器淡室，出水送入浓水槽，而从浓水槽

出来的水经浓水泵进入电渗析器浓室，出水送入淡水槽。这样循环可控制浓淡槽的浓度基本稳定。

四、实验操作

（1）检查并熟悉整流器、电渗析器，熟悉各检测、控制点位置。配置溶液（自来水配入氯化钾），为使实验装置测得典型的曲线，溶液电导率应该在3000～3600UΩ/cm（含盐量0.02～0.026N）。

（2）测定电压、电流关系曲线。由于电解质溶液在一定温度、浓度、流速下通过膜对间隔室时，具有一定电阻，故随着膜对间电压的增大，电流将随之增大，通过离子交换膜的离子数量也会增多。由于离子在溶液中与膜中的迁移速度的不平衡，当电流增加到某一临界值时，透过膜的离子量也会相应增加，这时溶液因直流电场作用，靠对流扩散和浓差扩散传递的离子量已开始小于透过量，于是出现膜界面处迁移离子浓度为零的情况，该临界值即称极限电流。此时电阻大大增加，电压电流原来的直线关系开始转折。因临界处产生水晶电离，pH 的变化电流效率下降，严重阻碍了电渗析的正常运行。因此测定电压、电流关系曲线，及曲线转折点的极限电流、极限电压值对制订电渗析的正常操作指标是极为重要的。具体操作：关闭各流量计下部进水阀门、启动淡、浓、极水泵，并立即缓缓开启各流量计进水阀，控制浓、淡水流量均为 500L/h，极水流量400L/h，循环数分钟，使浓、淡水槽中水的浓度（电导率）相等。用小烧杯在各槽进水管处取样 2/3 杯，用电导率仪测浓、淡、极水电导率值，隔 3min 再取样测定直至再次测得值不变，浓、淡水电导率相等，将此值记入电压、电流关系曲线测定记录表，作为起始电导率。检查并调整整流器空载时电流表、电压表指针到零位。然后，向整流器送电并按下正向启动按钮，旋转电压调节手轮使电流调至 0.4A，稳定 3min 左右。整个测定过程中需要严格控制浓、淡水流量不变，记下电流、电压及实际指示流量值。接着，旋转电压调节手轮使电流升至 0.8A，稳定 3min，记下电流、电压及实际指示流量值，再调升电流至 1.2A，并如上测定记录。每次升高电流 0.4A 直至电流达到 5A 为止。最终取淡水槽水测电导率，并测其水温做记录。测定结束后，调节电压到零。切断整流器电源，各泵继续循环运行 3～5min 后，关各调节阀后停泵。最后，在普通坐标纸上，根据测得电压电流作出图线。并求取转折点对应的电流、电压值，即在此温度、浓度、流量下的极限电流与极限电压值。

（3）测定流量、脱盐率关系曲线。启动浓、淡、极水泵、采用交叉送液，缓慢开启各流量计进水阀，控制浓、淡水流量均为 1000L/h，极水流量 400L/h，循环数分钟测浓、淡、极水槽中水的电导率，继续循环 3min 再测，直至两次测得值不变，并且浓、淡水电导率相等，将此值记入流量、脱盐率关系曲线测定记录表，作为起始各水的电导率值，然后再测淡水水温，并做记录。接着，向整流器送电，按下正向启动按钮，旋转电压调节手轮，使电流调至 2A，稳定 3min 后，在电渗析器淡室进水、出水取样点取水样，测其电导率值 K_1 及 K_2，此值即浓、淡水流量均为 1000L/h，且极水流量保持不变时电流 2A 时的数值。然后用调节阀减小浓淡水流量至 900L/h，用电压调节手轮调压使电流仍保持 2A，稳定 3min，如以上取样操作测淡室进出水的电导值，在恒定电流下继续测得流量为 800L/h、700L/h、300L/h、200L/h、150L/h、100L/h 时的淡室进出水电导率值，并记录有关数据，最后测定并记录淡水槽水温。测定结束后调电压至零，切断整流器电源，将浓、淡水流量调至 500L/h，各泵继续循环运行 3min 后，关闭各调节阀，停泵。

根据流量、脱盐率关系曲线测定表所测的不同流量时的 K_1、K_2 值，按前述公式计算脱盐率 η，并在普通坐标纸上标绘流量与脱盐率关系曲线。

开展本实验需要注意，由于实验装置中的电流表、电压表精度较低，可能造成测定结果误差，因此要仔细认真读准指示值。测电压、电流曲线时，要随时调节各流量计前调节阀开度，严格控制浓、淡、极水流量恒定。测流量、脱盐率曲线时，要随时调节电压使整个测定过程严格保持电流恒定。测定时浓、淡水流量要控制相等压力（压力相同），防止因压差导致膜渗，发生误差。测定时须将浓、淡水槽水交叉送液，循环至两水电导率相等后再进行测定，以减小浓度差扩散产生的误差。

五、实验报告要求

实验报告应该包含电压、电流关系曲线测定记录表和流量、脱盐率关系曲线测定记录表，在报告中要作出曲线图。同时，对电渗析极限电流在流量、离子浓度、温度等因素影响下的变化进行分析探讨，如有能力，可提出改进测试方法的建议。

实验九　超高温杀菌实验

课件资源

一、实验目的

掌握超高温杀菌的基本原理；熟悉超高温杀菌设备的基本结构；掌握超高温杀菌处理的基本操作。

二、实验原理

理想的加热杀菌应该做到对食品品质影响的最小化，能够迅速有效地杀灭存在于食品中的有害病菌，超高温杀菌是达到这一理想效果的途径之一。超高温杀菌最早用于乳品工业牛奶的杀菌。大量实验表明，微生物对高温的敏感程度远高于多数食品成分。故超高温杀菌能在很短时间内有效地杀死微生物，并较好地保持食品应有的品质，这一技术目前已被广泛用于乳品、饮料和发酵等行业。

超高温杀菌，一般形容物料在连续流动的状态下通过热交换器加热温度至 $135 \sim 150℃$，在这一温度下保持 $2 \sim 8s$，以达到商业无菌水平的过程。[1] 超高温杀菌的理论基础主要是微生物热致死的基本原理及如何最大限度保持食品的原有风味与品质。按照微生物的一般热致死原理，当微生物处于高于其耐受温度的热环境中时，必然受到致命的伤害。加热促使微生物死亡的原因是高温导致蛋白质的不可逆变化。影响微生物耐热性的因素包括菌种和菌株、热处理前菌龄、培育条件、贮存环境、热处理时介质或食品成分（如酸度或 pH 值）、原始活菌数、热处理的温度和时间。

在一定的环境条件和温度条件下，微生物随时间而死亡的活菌残存数是按指数递减或按对数周期下降的。微生物致死速率以 D 值变化来反映。D 值越大，细菌死亡速度越慢，即细菌的耐热性越强；反之则死亡速度越快，耐热性越弱。由于致死速率曲线是在一定的加热温度下获得的，所以 D 值是温度 T 的函数（常

---

[1] 高福成、郑建仙：《食品工程高新技术》，中国轻工业出版社，2020，第 231 页。

写成 D_T）。

此外，还需要了解 Z 值，它是衡量微生物的热力致死时间与温度之间关系的一个值。微生物的热力致死时间就是热力致死温度保持不变条件下，完全杀灭某菌种的细胞或芽孢所必需的最短热处理时间。微生物热力致死时间随致死温度而异，二者的关系曲线称为热力致死时间曲线，加热曲线中，加热时间缩短 90%，所需要升高的温度就是 Z 值。某微生物菌种的杀菌特性曲线——热力致死时间曲线可由点、斜率两个参数来确定。因此除了由斜率决定的 Z 值外，尚需寻求一个标准点。这个标准点通常选用 121℃时的热致死时间值（以 "TDT" 表示），并用符号 "F" 表示（单位 min），称为 F 值。有了 Z、F 两个参数，该菌种在任何杀菌温度 T 下的热致死时间值可表示为

$$\log \frac{TDT}{F} = \frac{1}{Z}(121 - T)$$

根据上式，决定细菌耐热特性的是 F 和 Z 两个参数。对于不同的菌种，一般两者都不相同；对于同一菌种，也只能在其一数值相等的条件下，由另一参数来比较它们的耐热性。故 F 值只能用于 Z 值相同细菌耐热性的比较。Z 值相同时，F 值大的细菌的耐热性比 F 值小的强。同样，F 值相同时，Z 值大的细菌的耐热性比 Z 值小的强。为了比较，也可人为规定 Z 的标准值，一般取 Z=10℃。

目前采用的超高温杀菌装置主要有两种类型，一种是直接混合式，一种是间接式。

直接混合式加热法可按两种方式进行：一种是注射式，即将高压蒸汽注射到待杀菌物料中；另一种是喷射式，即将待杀菌的物料喷射到蒸汽中。后者的物料通常向下流动，而蒸汽向上运动。由于加热蒸汽直接与食品相接触，因此对蒸汽的纯净度要求非常高。间接式加热超高温过程是采用高压蒸汽或高压水为加热介质，热量经固体换热壁转传给待加热杀菌物料，间壁式换热器可以分为板式、管式、旋转刮板式等。由于加热介质不直接与食品接触，所以可较好地保持食品物料的原有风味，故被广泛用于果汁、牛乳等物料的超高温杀菌过程。直接混合式加热超高温过程与间接式加热超高温过程相比，加热速率快、热处理时间短，能够最大程度保留食品的颜色、风味及营养成分，但同时也因为控制系统复杂和加热蒸汽需要净化而带来产品成本的提高。后者相对成本较低，生产易于控制，但传热速率相对前者较低。在相同的致死率下，后者高温加热时间较前者更长，容易增加食品中不利化学反应发生的可能。

通常，超高温灭菌设备主要由五部分组成，即进料部分、物料加热杀菌（热

交换系统）部分、均质部分、冷却部分、无菌灌装部分。其中，热交换系统是最为重要的。目前主要采用的有板式换热器、环形套管式换热器。

板式换热器是超高温过程中最常用的一种换热设备，它的传热面上可以压出各种凹凸形，在较低的雷诺数条件下即可出现紊流状态，故换热系数较高。板式换热器可根据需要随时增减传热板数目来改变传热面积，由于传热板可以拆散，故便于彻底清洗污垢。板式热交换器只有传热板的外壳端板暴露在大气中，因此散热损失可以忽略不计，也不需要保温措施。

环形套管式换热器的主要结构为盘成螺旋状的同心套管。与管壳式热交换器相比，它的特点是适用于流量小或者所需传热面积小的情况；因为螺旋管中的层流传热系数大于直管的层流传热系数，所以可用于较高黏度流体的热交换；传热管呈蛇形盘状管，具有弹簧作用，没有热应力造成的破坏漏失；紧凑，安装容易。但是环形套管式换热器由于结构特点，用机械方法清洗比较困难。

三、实验流程及装置

本实验中实验设备主要采用国产微型套管式杀菌系统、无菌工作台、酒精灯、培养皿、接种环、磨浆机、均质机等。

实验流程：将制备好的溶液经过过滤、均质，送入超高温杀菌系统的料液接收器，经过管式热交换杀菌后冷却，送入无菌灌装室得到商业无菌产品，实验完成后对超高温杀菌系统进行清洗。

四、实验操作

（1）制备需要进行杀菌的溶液。本次使用的实验食品为豆浆，将泡好的黄豆加水进行研磨，用250目的滤布进行过滤，在20MPa压力下进行一次均质。

（2）进行设备清洗。先进行约135℃的高温冲洗，时间较短。再进行85℃的低温清洗，启动泵，加大产品流路内的流动速率。在酸洗时，预设定温度为65℃。根据清洗程序，转换管路连接，选择碱、酸、水进行清洗循环。冷水冲洗，循环10min。

（3）设定超高温杀菌的温度。不同的产品对热敏感性不同。在生产过程中，当温度高于某一限度时，就容易产生垢层，导致传热系数的下降。在灭菌段，一般热水温度比产品的灭菌温度高2～3℃为宜。

（4）杀菌设备操作。打开均质机连接管的 CIP 旁通阀；设置超高温杀菌设备主机上螺杆泵的流速；打开均质机调整至最大速度状态；慢慢关闭均质机 CIP 旁通阀；观察泵压，此时压力会上升；慢慢关小超高温杀菌设备主机前面板上的均质阀，并维持泵压在 $1 \times 10^5 \mathrm{Pa}$ 左右；接着，增加均质机第二级压力，约占所需总压的 10%；增加均质机第一级压力至最终压力；随时观察泵压，不允许出现负数；设置超高温杀菌设备主机的加热温度到所需要的温度；通过背压阀设置背压，均质机出口压力在显示器上显示；同时慢慢降低均质机与超高温杀菌设备主机流速，观察压力不发生变化。

（5）结束实验。操作结束后，先慢慢卸掉第一级均质压力，再慢慢卸掉第二级均质压力，打开均质机 CIP 旁通阀与超高温杀菌设备主机上的均质阀，最后按常规冷却主机。

需要注意在进行实验时要对加热过程进行控制，防止出现沸腾现象。为了防止沸腾，要避免产品流路的内部压力低于该温度下的饱和蒸汽压。由于产品中主要成分为水，这个压力与水的饱和蒸汽压相近。为更好地防止产品在加热时沸腾，所提供的内部压力至少要比饱和蒸汽压高 0.1MPa。

五、实验报告要求

将经过超高温杀菌的食品的感官特性，包括色泽、风味，以及有无凝块、沉淀、正常视力可见异物等情况进行记录。分析脂肪含量、蛋白质含量、非脂固体含量等理化指标是否在合理的范围内。检测产品的微生物指标是否符合商业无菌的要求并如实反映在报告中。

实验十　超高压处理实验

课件资源

一、实验目的

了解超高压处理技术的基本原理，熟悉超高压处理设备的基本构造，掌握超高压加工过程的基本操作，学会对几种物料进行简单的超高压处理。

二、实验原理

（一）超高压技术的基本原理

超高压技术又称高静水压加工技术或高压加工技术，属于一项纯物理冷加工技术。它主要是利用高压下介质（一般为水）的高挤压作用、高渗透及卸压时的膨胀作用，杀灭食品中的微生物、钝化酶或使其部分失活，使蛋白质变性，使淀粉粉化或部分糊化，从而避免热加工的破坏作用，达到延长食品的贮藏期、保持食品原有的营养成分与风味、提高食品的食用品质等目的。

（二）超高压处理的作用机理

超高压加工过程中，食品在液体介质中体积被压缩，超高压产生极高的静压，不仅会影响细胞的形态，还能使形成生物高分子立体结构的氢键、离子键和疏水键等非共价键发生变化，改变其空间结构，使之发生某些不可逆的变化，该过程也可被用来改善食品的组织结构或生成新型食品。一般情况下，200～300MPa病毒灭活；300～400MPa霉菌、酵母菌灭活；300～600MPa细菌、致病菌灭活；800～1000MPa芽孢灭活；低压下酶活性增强，超过400MPa酶失活；400MPa以上蛋白质的三、四级结构破坏，发生不可逆变性；400～600MPa淀粉氢键断裂，并糊化。

（三）超高压处理技术在食品加工业中的应用

超高压处理技术在食品加工业中的应用基本上可以分为以下几个方面。

（1）杀菌。超高压技术不仅被用于果酱、果汁的杀菌，使所得产品能较好地保持新鲜水果的口感、颜色和风味，还被应用于奶产品、罐头、果蔬、茶叶、咖啡、香料的杀菌消毒。

（2）灭酶。超高压可使食品中所含的品质酶（如过氧化氢酶、多酚氧化酶、果胶甲基质酶、纤维素酶等）完全失活或部分失活，从而抑制或减缓酶促褐变及降解反应的发生。

（3）改性处理。超高压技术已经被应用于植物蛋白的组织化、淀粉的糊化、肉类品质的改善、动物蛋白的变性处理。例如，鸡蛋在常温水中加压，使其蛋液凝固，易于消化，口感仍保留有生鸡蛋味，且维生素无损失；用超高压对肉制品进行处理后，制品的嫩度、风味、色泽及成熟度均可得到改善；对于淀粉，常温下，超高压可以使淀粉水悬浮液发生糊化作用，且超高压完全糊化没有热加工糊化时淀粉出现的老化现象。

（4）对食品感官特性的影响。超高压一般对食品原有味道及特有风味没有影响；对食品的色泽会有改变，但有些色素（如类胡萝卜素、叶绿素、花青素等）对超高压有抵抗能力；而食品的黏度、均匀性及结构等特性对超高压较为敏感。

（5）加快或减缓某些反应。某些在常压下不能进行的反应，在超高压下可以较快地进行，如生物大分子的酸水解、酶反应、有气体参加的反应等。美拉德反应在超高压下减慢，多酚反应则加快。

三、实验材料与设备

（一）实验材料

实验材料主要包括鲜榨西瓜汁、包装袋、微生物培养基。

（二）实验设备

实验设备主要包括榨汁机、热封机、国产一体式超高压处理设备（图4-5）。

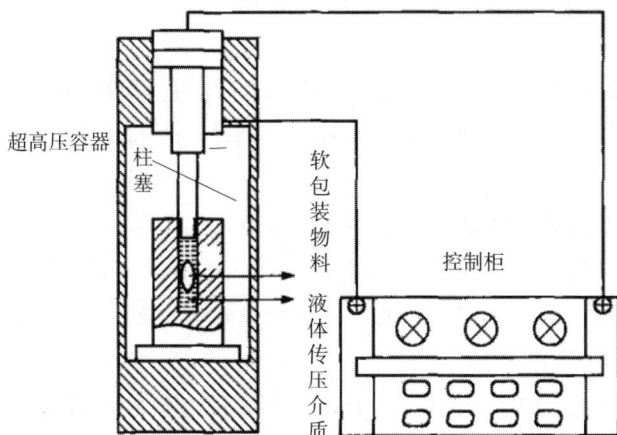

图4-5 一体式超高压处理设备示意图

四、实验方法

（一）工艺流程

市售西瓜→榨汁→软包装→置于 4℃低温冷藏→超高压容器中装入水→西瓜汁放入超高压容器→加压→保压→卸压→取出西瓜汁→清理现场→实验完成。

（二）操作要点

1. 西瓜汁的制备

新鲜西瓜去皮后放进榨汁机中榨汁，注意榨汁时间不要过长，榨汁过程中要防止明显的升温。

2. 超高压处理操作

（1）打开主机电源，系统初始化，观察超高压设备是否有异常。

（2）选择控制方式，手动、自动或上位，如选择上位，请按"上位机电源"，打开微型计算机。

（3）打开超高压主机防护门，将超高压容器中装入少量的水，将包装好的待处理的物料放入超高压容器中，用工具推至超高压容器底部并保证超过工具的刻度线，用深度尺检测液面高度是否合适（液面距超高压容器口部 80mm），如不合适，请调整液面至合适位置，并擦拭干净超高压容器残留的水。

（4）关上超高压主机防护门，开始加压。

（5）上位操作。在上位软件中设置好参数，点击"启动"按钮，软件询问"是否确认加压？"点击"确认"开始自动加压处理；处理完成后，打开超高压主机防护门取出物料。

（6）如果需要进行多次处理，请重复（3）～（5）。

（7）处理完成，把柱塞提至上限位，抽出超高压容器中的水，将超高压容器及主机擦拭干净，关上超高压主机防护门，按"上位机电源"关掉计算机，关掉总电源。

西瓜汁的超高压处理模式：加压→保压（10min）→卸压→停顿（5min）。在常温下，操作压力控制在 350MPa、400MPa、450MPa、500MPa 四个处理强度，保压 10min。

3. 实验设计

工作压力、保持时间、介质温度等都影响超高压处理的效果，因此调整其中任一因素，都会影响超高压的处理效果。西瓜汁对热非常敏感，热处理后产品的颜色、口味会出现明显劣变。现以西瓜汁色度、微生物为指标，分析超高压处理对西瓜汁品质的影响，比较超高压处理与热处理的优劣。

西瓜汁的热处理参照水蜜桃果汁的杀菌工艺，选用85℃（10min）、90℃（10min）、95℃（10min）、100℃（10min）四种热处理方式。

第五章　食品工程原理综合性实验

　　食品工程原理的综合性实验是依据科学的生产工艺、先进的工程设备，研究食品的原材料、半成品和成品的加工过程和方法。食品工程原理的综合性实验一般由若干步骤组成，实验时间较长。例如，筛板塔精馏综合实验、填料塔吸收综合实验、转盘萃取综合实验、升膜蒸发综合实验、液—液对流传热综合实验等。本章将对上述实验展开探究。

实验一　筛板塔精馏综合实验

课件资源

一、实验目的

　　筛板塔精馏综合实验的目的是了解筛板塔精馏的结构和流程，并掌握其操作方法；测定筛板塔在全回流和部分回流时的理论塔板数；测定筛板塔在全回流时的全塔效率和单板效率；测定筛板塔在部分回流时的全塔效率；改变操作条件（如回流比、加热功率等），观察塔内温度变化，了解回流的作用和操作条件对精馏分离效果的影响。

二、实验原理

板式精馏塔的全塔效率 E_T 和单板效率不仅与气—液体系、物性及塔板类型、具体结构有关，而且与操作状况有关，是一个影响因素甚多的综合指标，难以从理论导出，一般由实验测得。

（一）全回流操作时单板效率的测定

当离开某块塔板的气、液相呈平衡状态时，则称该板为理论塔板。在实际操作的塔中，由于气液相接触界面有限，接触时间也不可能无穷大，故离开塔板的气液两相不可能达到相平衡，即实际塔板的分离效果达不到一块理论板的作用。一般用单板效率也称默弗里（Murphree）板效率来描述实际塔板的分离能力。[1]

（1）以气相浓度的变化来定义，则第 n 块塔板的气相默弗里板效率 E_{MV}（n）为：

$$E_{MV}(n) = \frac{y_n - y_{n+1}}{y_n^* - y_{n+1}} \times 100\%$$

式中：$E_{MV}(n)$ 为第 n 块塔板的气相默弗里板效率；y_n 为第 n 块板上升的气相中轻组分浓度；y_{n+1} 为第 $n+1$ 块板上升的气相中轻组分浓度；y_n^* 为与 x_n 成平衡的气相组成。

单板效率一般是在全回流状态下测定的，全回流时操作线方程为

$$y_{n+1} = x_n$$

将 $y_{n+1} = x_n$ 代入 $E_{MV}(n) = \frac{y_n - y_{n+1}}{y_n^* - y_{n+1}} \times 100\%$ 这个式子中，可以得到：

$$E_{MV}(n) = \frac{x_{n-1} - x_n}{y_n^* - x_n} \times 100\%$$

式中：x_n 为第 n 块板上下降的液相中轻组分浓度；x_{n-1} 为第 $n-1$ 块板上下降的液相中轻组分浓度。

（2）以液相浓度的变化来定义，则第 n 块塔板的液相默弗里板效率 E_{ML}（n）为：

$$E_{ML}(n) = \frac{x_{n-1} - x_n}{x_{n-1} - x_n^*} \times 100\%$$

---

[1] 赵秋萍、李春雷：《化工原理实验》，西南交通大学出版社，2014，第 171 页。

式中：$E_{ML}(n)$ 为第 n 块塔板的液相默弗里板效率；x_n^* 为与 y_n 成平衡的液相组成。

通常 $E_{MV}(n)$ 和 $E_{ML}(n)$ 不会相等，并随塔内气液相组成、流速的变化而变化，使各板的单板效率各不相同。

因此，工程中常用全塔效率 E_T 来描述塔板上传质的完善程度。

（二）全塔效率的测定

$$E_T = \frac{N_T - 1}{N_P} \times 100\%$$

式中：E_T 为全塔效率；N_P 为实际塔板数，本实验中，$N_P=10$；N_T 为理论塔板数。

（三）全回流操作时理论塔板数的确定

在全回流操作时，x-y 图上的对角线即为操作线，平衡线可根据表 5-1 提供的乙醇—水溶液气液平衡数据中的物质的量分数画出。根据实验中所测定的塔顶组成 x_D、塔底组成 x_w，从对角线上（x_D, x_D）点出发，在操作线和平衡线间作梯级，直至最后一个梯级越过对角线上（x_w, x_w）点为止，根据梯级数即可得到理论塔板数 N_T，如图 5-1 所示。图 5-1 中的梯级数约为 4.4，即理论塔板数 N_T 为 4.4。

表 5-1 乙醇—水溶液气液平衡数据（常压）

单位：%

液体组成		蒸汽组成		液体组成		蒸汽组成	
质量分数	物质的量分数	质量分数	物质的量分数	质量分数	物质的量分数	质量分数	物质的量分数
0.001	0.004	0.13	0.053	0.09	0.0352	1.17	0.461
0.03	0.0117	0.39	0.153	0.10	0.04	1.30	0.510
0.04	0.0157	0.52	0.204	0.15	0.055	1.95	0.770
0.05	0.0196	0.65	0.255	0.20	0.08	2.60	1.030
0.06	0.0235	0.78	0.307	0.30	0.12	3.80	1.570
0.07	0.0274	0.91	0.358	0.40	0.16	4.90	1.980
0.08	0.0313	1.04	0.410	0.50	0.19	6.10	2.480

液体组成		蒸汽组成		液体组成		蒸汽组成	
质量分数	物质的量分数	质量分数	物质的量分数	质量分数	物质的量分数	质量分数	物质的量分数
0.60	0.23	7.10	2.900	57.00	34.16	78.70	59.10
0.70	0.27	8.10	3.330	63.00	40.00	80.30	61.44
0.80	0.31	9.00	3.725	67.00	44.27	81.30	62.99
0.90	0.35	9.90	4.120	71.00	48.92	82.40	64.70
1.00	0.39	10.75	4.200	75.00	54.00	83.80	66.92
2.00	0.79	19.70	8.760	78.00	58.11	84.90	68.76
3.00	1.19	27.20	12.750	81.00	62.52	86.00	70.63
4.00	1.61	33.30	16.340	84.00	67.27	87.70	73.61
7.00	2.86	44.60	23.960	86.00	70.63	88.90	75.82
10.00	4.16	52.20	29.920	88.00	74.15	90.10	78.00
13.00	5.51	57.40	34.510	89.00	75.99	90.70	79.62
16.00	6.86	61.10	38.060	90.00	77.88	91.30	80.42
20.00	8.92	65.00	42.09	91.00	79.82	92.00	81.83
24.00	11.00	68.00	45.41	92.00	81.83	92.70	83.26
29.00	13.77	70.80	48.68	93.00	83.87	93.40	84.91
34.00	16.77	72.90	51.27	94.00	85.97	94.20	86.40
39.00	20.00	74.30	53.09	95.00	88.15	95.05	88.25
45.00	24.25	75.90	55.22	95.57	89.41	95.57	89.41
52.00	29.80	77.50	57.41	—	—	—	—

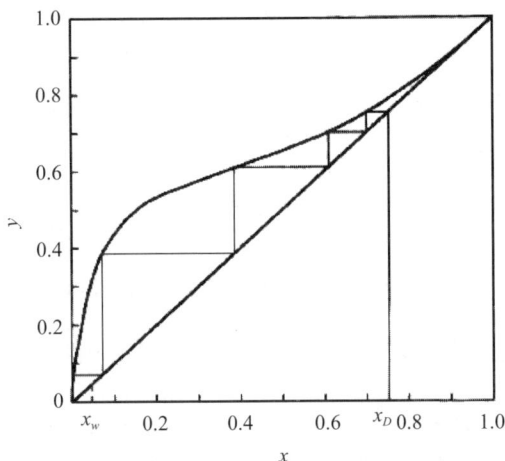

图 5-1　全回流时理论塔板数的确定

根据上述求得的理论塔板数 N_T，由式 $E_T = \dfrac{N_T - 1}{N_P} \times 100\%$ 便可得到全回流时的全塔效率 E_T。

（四）物料组成的分析

物料组成通过气相色谱进行分析，气相色谱的使用方法在实验步骤中详细说明。经气相色谱用面积归一分析后可得出样品的质量分数 w，须按照下式化为物质的量分数：

$$x = \frac{w/46}{w/46 + (1-w)/18}$$

式中：x 为乙醇的物质的量分数；w 为乙醇的质量分数；46和18为乙醇和水的相对分子质量。

（五）部分回流时理论塔板数 N_T 的测定

部分回流操作时，平衡线还是根据表 5-1 提供的乙醇—水溶液气液平衡数据中的物质的量分数画出，要确定部分回流时的理论塔板数，关键是作出精馏段操作线、q 线和提馏段操作线。

1.精馏段操作线

精馏段操作线方程为：

$$y_{n+1} = \frac{R}{R+1}x_n + \frac{x_D}{R+1}$$

式中：R 为回流比；x_D 为液相塔顶产品以物质的量分数表示的组成。

回流比 R 的确定：

$$R = \frac{L}{D}$$

式中：L 为回流液量（kmol/s）；D 为馏出液量（kmol/s）。

公式 $R = \dfrac{L}{D}$ 只适用于泡点下回流时的情况，实际操作时为了保证上升气流完全冷凝，冷却水量一般比较大，回流液温度往往低于泡点温度，即冷液回流。

如图 5-2 所示，从全凝器出来的温度为 t_R、流量为 L 的液体回流进入塔顶第一块板，由于回流温度低于第一块塔板上的液相温度，离开第一块塔板的一部分上升蒸汽将被冷凝成液体，这样，塔内的实际流量将大于塔外回流量。

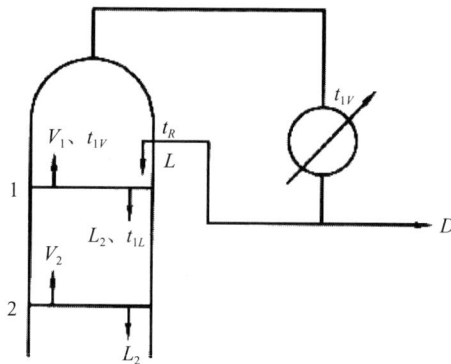

图 5-2 塔顶回流示意图

对第一块板作物料、热量衡算：

$$V_1 + L_1 = V_2 + L$$
$$V_1 I_{V_1} + L_1 I_{L_1} = V_2 I_{V_2} + L I_L$$
$$L_1 = L'$$

将 $V_1 + L_1 = V_2 + L$ 和 $V_1 I_{V_1} + L_1 I_{L_1} = V_2 I_{V_2} + L I_L$ 进行整理和化简可以得到：

$$L' = L\left[1 + \frac{C_{pD}(t_{RS} - t_R)}{r_D}\right]$$

式中：L 为外回流量，由回流转子流量计测定（mL/min）；L' 为实际回流量（mL/min）；t_{RS} 为塔顶回流液组成对应的泡点温度（℃）；t_R 为回流液温度

（℃）；C_{pD} 为塔顶回流液平均温度（$t_{RS}+t_R$）/2 下的比热 [kJ/（kg·K）]。

$$C_{pD}=C_{pA}M_Ax_D+C_{pB}M_B（1-x_D）$$

$$r_D=r_AM_Ax_D+r_BM_B（1-x_D）$$

式中：r_D 为塔顶回流液组成下的汽化潜热（kJ/kg）；C_{pA} 为乙醇的比热 [kJ/（kg·K）]；M_A 为乙醇的摩尔质量；r_A 为乙醇的汽化潜热（kJ/kg）；C_{pB} 为水的比热 [kJ/（kg·K）]；M_B 为水的摩尔质量；r_B 为水的汽化潜热（kJ/kg）。

$$R=\frac{L}{D}$$

实验中根据塔顶取样可得到 x_D，并测量回流和产品转子流量计读数 L 和 D 以及回流温度 t_R，再得出 C_{pD}、t_{RS}、r_D，由式 $L'=L\left[1+\dfrac{C_{pD}(t_{RS}-t_R)}{r_D}\right]$、式 $R=\dfrac{L'}{D}$ 可求得实际回流比 R，代入式 $y_{n+1}=\dfrac{R}{R+1}x_n+\dfrac{x_D}{R+1}$ 即可得到精馏段操作线方程。

根据精馏段操作线方程可知，精馏段操作线过（x_D，x_D）点，且截距为 $\dfrac{x_D}{R+1}$，根据（x_D，x_D）点和 $\left(0,\dfrac{x_D}{R+1}\right)$ 点，在 x-y 图上即可作出精馏段操作线。

2. 进料 q 线

进料 q 线方程为

$$y=\frac{q}{q-1}x+\frac{x_F}{q-1}$$

式中：q 为进料的液相分率；x_F 为进料液组成。

该实验中进料状态一般为过冷液体，q 值可按照下式计算：

$$q=\frac{1\text{kmol进料变为饱和蒸汽所需热量}}{1\text{kmol料液的汽化潜热}}=1+\frac{C_{pF}(t_s-t_F)}{r_F}$$

式中：t_S 为进料液的泡点温度（℃）；t_F 为进料液的温度（℃）；C_{pF} 为进料液在平均温度（t_F+t_S）/2 下的比热 [kJ/（kg·K）]。

$$C_p=C_{pA}M_Ax_F+C_{pB}M_B（1-x_F）$$

r_F 为进料液组成下的汽化潜热（kJ/kg）。

$$r=r_AM_Ax_F+r_BM_B（1-x_F）$$

实验中根据进料液组成 x_F，并测量其进料温度 t_F，再根据表 5-2 可得 t_S、C_{pF}、r_F，由式 $y=\dfrac{q}{q-1}x+\dfrac{x_F}{q-1}$ 即可求得 q，代入式 $q=\dfrac{1\text{kmol进料变为饱和蒸汽所需热量}}{1\text{kmol料液的汽化潜热}}=$

$1+\dfrac{C_{pF}(t_s-t_F)}{r_F}$ 即可得到 q 线方程。

根据 q 线方程可知，q 线过（x_F，x_F）点，且斜率为 $\dfrac{q}{q-1}$，根据斜率和（x_F，x_F）点，在 x-y 图上即可作出进料 q 线。

表 5-2　乙醇—水混合物的热焓量

液相中乙醇质量分数 /%	泡点温度 $T/^\circ C$	露点温度 $T/^\circ C$	溶液汽化潜热 $r_F/$（kJ/kg）	蒸汽热焓量 $I/$（kJ/kg）	溶液热焓量 $I/$（kJ/kg）
0	100.0	100.0	2253.0	2671.0	418.0
5	94.9	99.4	2182.0	2605.8	423.8
10	91.3	98.8	2110.9	2536.4	425.5
15	89.0	98.2	2039.8	2462.4	422.6
20	87.0	97.6	1968.8	2388.9	420.1
25	85.7	97.0	1899.8	2319.5	419.7
30	84.7	96.0	1830.8	2246.8	416.0
35	83.8	95.3	1759.8	2166.1	406.3
40	83.1	94.0	1688.7	2083.7	395.0
45	82.5	93.2	1621.8	2003.5	381.7
50	81.9	91.9	1550.8	1919.5	368.7
55	81.4	90.6	1481.8	1838.0	356.2
60	81.0	89.0	1412.8	1755.2	342.4
65	80.6	87.0	1343.9	1666.2	322.3
70	80.2	85.1	1274.9	1580.9	306.0
75	79.8	82.8	1208.0	1491.8	283.8
80	79.5	80.8	1141.1	1400.7	259.6
85	79.0	79.6	1070.1	1319.6	249.5

液相中乙醇质量分数 /%	泡点温度 $T/℃$	露点温度 $T/℃$	溶液汽化潜热 $r_F/$（kJ/kg）	蒸汽热焓量 $I/$（kJ/kg）	溶液热焓量 $I/$（kJ/kg）
90	78.5	78.7	994.8	1231.9	237.1
95	78.2	78.2	923.6	1146.2	222.4
100	78.3	78.3	852.7	1062.1	209.4

3. 提馏段操作线

根据理论分析，提馏段操作线经过（x_w，x_w）点，且过精馏段操作线和 q 线的交点 d，因此连接（x_w，x_w）点以及精馏段操作线和 q 线的交点 d，即可得到提馏段操作线。

4. 部分回流理论塔板数的求取

部分回流操作时，图解法的主要步骤如图 5-3 所示。

（1）根据物系和操作压力在 y-x 图上作出相平衡曲线，并画出对角线作为辅助线。

（2）在 x 轴上定出 $x=x_D$、x_F、x_w 三点，依次通过这三点作垂线分别交对角线于点 a、f、c。

（3）在 y 轴上定出 $y_c=x_D/$（$R+1$）的点 b，连接 a、b 作出精馏段操作线。

（4）由进料热状况求出 q 线的斜率 $q/$（$q-1$），过点 f 作出 q 线交精馏段操作线于点 d。

（5）连接点 d、c 作出提馏段操作线。

（6）从点 a 开始在平衡线和精馏段操作线之间作梯级，当梯级跨过点 d 时，改在平衡线和提馏段操作线之间作梯级，直至梯级跨过点 c 为止。

（7）所画的总阶梯数就是全塔所需的理论塔板数（包含再沸器），跨过点 d 的那块板就是加料板，其上的阶梯数为精馏段的理论塔板数，如图 5-3 所示。图 5-3 中的梯级数约为 6.3，即理论塔板数 N' 为 6.3（包括塔釜）。

根据上述求得的理论塔板数 N'_T，由式 $E_T = \dfrac{N_{T-1}}{N_P} \times 100\%$ 便可得到部分回流时的全塔效率 $E_{T'}$。

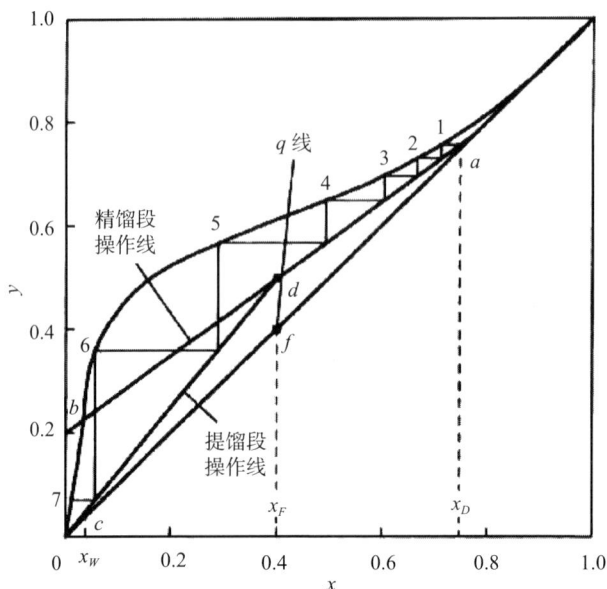

图 5-3 部分回流时理论板数的确定

三、实验装置

本实验装置的主体设备是筛板精馏塔，配套有加料系统、回流系统、产品出料管路、残液出料管路、进料泵和一些测量、控制仪表。

筛板塔主要结构参数如下：塔内径 D=68mm，厚度 δ=2mm，塔节 Φ76mm×4mm，塔板数 N=10 块，板间距 HT=100mm。加料位置为自下而上第 3 块和第 5 块。降液管采用弓形，齿形堰，堰长 56mm，堰高 7.3mm，齿深 4.6mm，齿数 9 个。降液管底隙 4.5mm。筛孔直径 d_0=1.5mm，正三角形排列，孔间距 t=5mm，开孔数为 74 个。塔釜为内电加热式，加热功率 2.5kW，有效容积为 10L。塔顶冷凝器、塔釜换热器均为盘管式。单板取样为自下而上第 1 块和第 10 块，斜向上为液相取样口，水平管为气相取样口。

本实验料液为乙醇—水溶液，釜内液体由电加热器产生蒸汽逐板上升，经与各板上的液体传质后，进入盘管式换热器壳程，冷凝成液体后再从集液器流出，一部分作为回流液从塔顶流入塔内，另一部分作为产品馏出，进入产品储罐；残液经釜液转子流量计流入釜液储罐。筛板塔精馏实验装置图如图 5-4 所示。

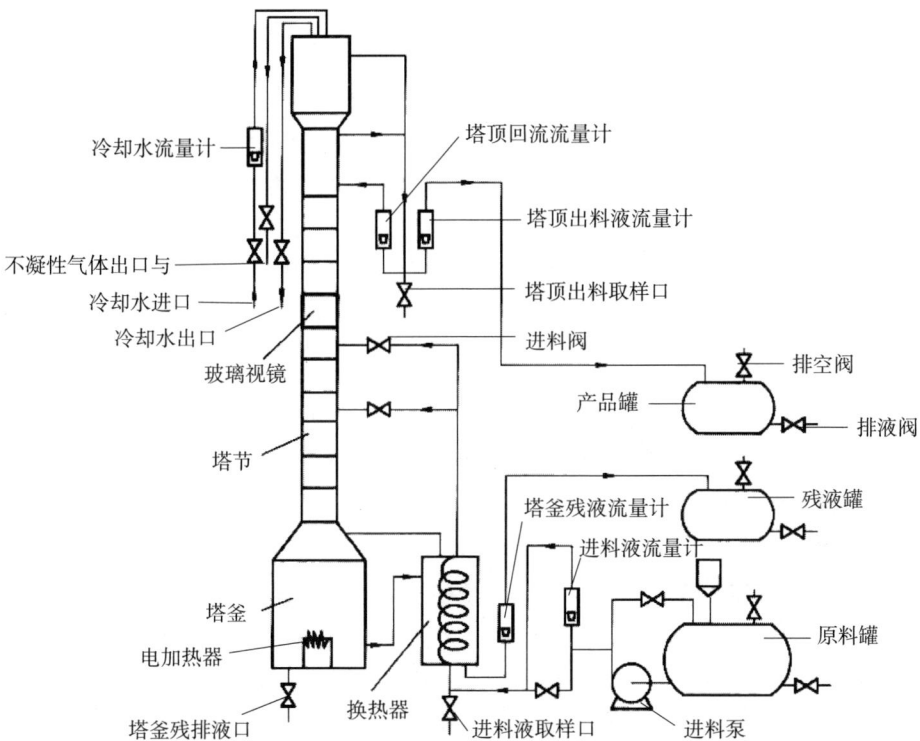

图5-4 筛板塔精馏实验装置图

四、实验方法

（一）全回流

（1）配制浓度10%～20%（体积比数）的料液加入储罐中，打开进料管路上的阀门，由进料泵将料液打入塔釜，至釜容积的2/3处（由塔釜液位计可观察）。

（2）关闭塔身进料管路上的阀门，启动电加热管电源，调节加热电压，使塔釜温度缓慢上升（因塔中部玻璃部分较为脆弱，若升温过快，玻璃极易碎裂，使整个精馏塔报废，故升温过程应尽可能缓慢）。

（3）打开塔顶冷凝器的冷却水，调节出合适的冷凝量，关闭塔顶出料管路，使整塔处于全回流状态。

（4）当塔顶温度、回流量和塔釜温度稳定后，分别取塔顶样品和塔釜样品，用色谱分析仪或比重计进行分析。

（二）部分回流

（1）在储料罐中配制一定浓度的乙醇—水溶液（10% ～ 20%）。

（2）待塔全回流操作稳定时，打开进料阀，调节进料量至适当的流量。

（3）以转子流量计控制塔顶回流和塔顶产品流量，调节回流比 R（R=1～4）。

（4）调节塔釜残液流量，注意使物料平衡。

（5）当塔顶、塔内温度读数稳定后即可取塔顶、塔釜及原料样品。

（三）取样与分析

（1）进料、塔顶、塔釜产品从各相应的取样口取出，打开取样阀取样。

（2）塔板取样用注射器从所测定的塔板取样口中缓缓抽出，用气相色谱仪或比重计进行分析。

五、注意事项

（1）实验过程中，不允许接触实验对象上的金属部分，以免高温烫伤。

（2）由于酒精为易燃易爆物品，放置本实验装置的实验室内禁止烟火，以免发生事故。

（3）实验过程中，保证冷却水不间断，以防止酒精蒸气进入大气，浪费物料。

（4）严禁进料泵、循环泵空运行，以防止损坏泵。

（5）实验过程中，实验室应保持通风。

实验二　填料塔吸收综合实验

课件资源

一、实验目的

填料塔吸收综合实验的目的是了解填料塔吸收装置的基本结构及流程；掌握总体积传质系数的测定方法；了解气相色谱仪或 CO_2 分析仪的使用方法。

二、实验原理

气体吸收是典型的传质过程之一。由于 CO_2 气体无味、无毒、廉价，所以气体吸收实验常选择 CO_2 作为溶质组分。本实验采用水吸收空气中的 CO_2 组分。一般 CO_2 在水中的溶解度很小，即使预先将一定量的 CO_2 气体通入空气中混合以提高空气中的 CO_2 浓度，水中的 CO_2 含量仍然很低，所以吸收的计算方法可按低浓度来处理，并且此体系中 CO_2 气体的吸收过程属于液膜控制。因此，本实验主要测定 K_xa 和 H_{OL}。

（一）计算方法

根据吸收传质推动力公式，填料层高度 Z 为

$$Z = \int_0^Z dZ = \frac{L}{K_xa} \int_{x_2}^{x_1} \frac{dx}{x^* - x} = H_{OL} \cdot N_{OL}$$

式中：Z 为填料层高度（m）；L 为吸收剂水的摩尔流率 $[mol/(m^2 \cdot s)]$；K_xa 为以 Δx 为推动力的液相总体积传质系数 $[mol/(m^3 \cdot s)]$；x_1 为塔底液相组成（物质的量分数）；x_2 为塔顶液相组成（物质的量分数）；x 为吸收塔内任意截面处的液相组成（物质的量分数）；x^* 为吸收塔内与气相组成 y 相平衡的液相平衡组成（物质的量分数）；H_{OL} 为液相总传质单元高度（m）；N_{OL} 为液相总传质单元数（无因次）。

令脱吸因数 $S = \dfrac{mG}{L}$，则

$$N_{OL} = \frac{S}{1-S} \ln \left[(1-S) \frac{y_1 - mx_2}{y_2 - mx_2} + S \right]$$

$$K_xa = \frac{L}{Z} \int_{x2}^{x1} \frac{dx}{x^* - x} = \frac{L}{Z} N_{OL}$$

式中：G 为进塔混合气体的摩尔流率 $[mol/(m^2 \cdot s)]$；m 为相平衡常数（无因次）；y_1 为塔底气相组成（物质的量分数）；y_2 为塔顶气相组成（物质的量分数）；x_1 为塔底液相组成（物质的量分数）；x_2 为塔顶液相组成（物质的量分数）。

因为本实验是低浓度吸收，所以本实验的平衡关系可写成：

$$y^* = mx$$

$$m = \frac{E}{p}$$

式中：y^* 为吸收塔内与液相组成 x 相平衡的气相平衡组成（物质的量分数）；p 为塔内操作压力（可近似取大气压）（kPa）；E 为亨利系数，可查附录或者根据液相温度 t 由下式计算而得（kPa）。

$$E = (0.00024t^2 + 0.03097t + 0.7283) \times 100000$$

（二）测定方法

（1）利用转子流量计测得空气、CO_2 和水的体积流量，并根据实验条件（温度和压力）和有关公式换算成空气、CO_2 和水的摩尔流率。

（2）利用气相色谱仪或 CO_2 分析仪测得塔底和塔顶的气相摩尔组成 y_1 和 y_2。

（3）塔底、塔顶液相组成 x_1、x_2 的确定方式是，当自来水作为吸收剂时，$x_2 = 0$，因此，x_1 可根据全塔物料衡算公式确定：

$$G(y_1 - y_2) = L(x_1 - x_2)$$

三、实验装置

（一）装置流程

填料塔吸收综合实验装置流程如图 5-5 所示。

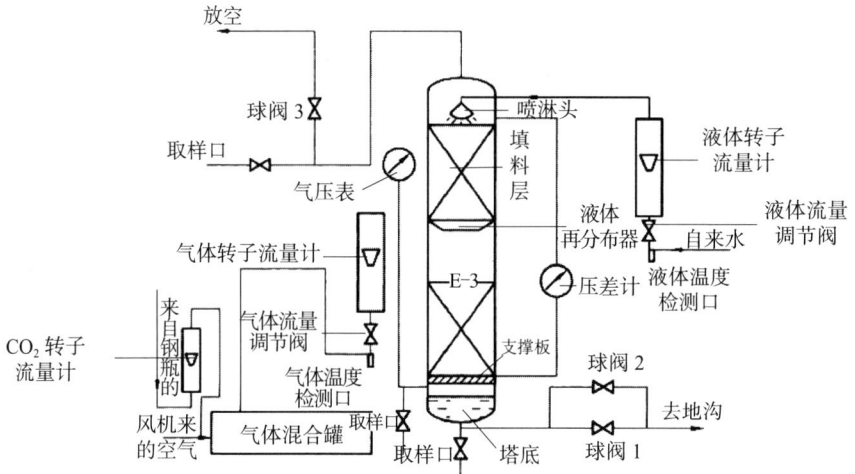

图 5-5　填料塔吸收综合实验装置流程图

储槽中的自来水由泵送入填料塔塔顶，经喷头喷淋在填料顶层，由压缩机送来的空气和来自 CO_2 钢瓶的 CO_2 混合后，一起进入气体中间储罐，然后直接进入塔底，与水在塔内逆流接触，进行质量和热量的交换，再将由塔顶出来的尾气放空。由于本实验为低浓度气体的吸收，所以热量交换可略，整个实验过程可看成等温操作。

（二）主要设备

1. 吸收塔

高效填料塔，塔径 100mm，塔内装有金属丝网波纹规整填料或 θ 环散装填料，填料层总高度 2000mm。塔顶有液体初始分布器，塔中部有液体再分布器，塔底部有栅板式填料支承装置。填料塔底部有液封装置，以避免气体泄漏。

2. 填料规格和特性

金属丝网波纹规整填料：型号 JWB-700Y，规格 $\phi100mm \times 100mm$，比表面积 $700m^2/m^3$。

3. 转子流量计

转子流量计技术参数见表 5-3。

表 5-3 转子流量计技术参数

介质	条件			
	常用流量	最小刻度	标定介质	标定条件
空气	$4m^3/h$	$0.1m^3/h$	空气	20℃，$1.0133 \times 105Pa$
CO_2	60L/h	10L/h	空气	20℃，$1.0133 \times 105Pa$
水	600L/h	20L/h	水	20℃，$1.0133 \times 105Pa$

4. 其他

（1）空气风机：旋涡式气泵。

（2）CO_2 钢瓶。

（3）气相色谱仪或 CO_2 分析仪。

四、实验方法

（1）熟悉实验流程及气相色谱仪的结构、原理、使用方法及注意事项。

（2）打开混合罐底部排空阀，排放掉空气混合储罐中的冷凝水。

（3）打开仪表电源开关及空气压缩机电源开关，进行仪表自检。

（4）开启进水阀门，让水进入填料塔润湿填料，仔细调节液体转子流量计，使其流量稳定在某一实验值（塔底液封控制方法：仔细调节球阀2的开度，使塔底液位缓慢地在一段区间内变化，以免塔底液封过高溢满或过低泄气）。

（5）启动风机，打开 CO_2 钢瓶总阀，并缓慢调节钢瓶的减压阀。

（6）仔细调节风机出口阀门的开度，并调节 CO_2 转子流量计的流量，使其稳定在某一值。

（7）待塔中的压力靠近某一实验值时，仔细调节尾气放空阀的开度，直至塔中压力稳定在实验值。

（8）待塔操作稳定后，读取各流量计的读数及通过温度计、压差计、压力表读取各温度、压力、塔顶塔底压差读数，通过六通阀在线进样，利用气相色谱仪进行分析，或者通过 CO_2 分析仪分析出取样塔顶、塔底气相组成。

（9）一定液体流量下改变气体流量4～5次，一定气体流量下改变液体喷淋量4～5次，并分析塔顶、塔底气相组成。

（10）实验完毕，关闭 CO_2 钢瓶和转子流量计、水转子流量计、风机出口阀门，再关闭进闭水阀门及风机电源开关（实验完成后一般先停止水的流量，再停止气体的流量，这样做的目的是防止液体从进气口倒压破坏管路及仪器），清理实验仪器和实验场地。

五、注意事项

（1）固定好操作点后，应随时注意调整以保持各量不变。

（2）在填料塔操作条件改变后，需要有较长的稳定时间，一定要等到稳定以后方能读取有关数据。

（3）CO_2 钢瓶减压阀压力控制在0.2MPa以内，不能过高，以防止出现危险。

（4）通过六通阀在线进样进行色谱分析时，要让待测气体连续吹扫取样管一段时间（不少于5min）。

实验三　转盘萃取综合实验

一、实验目的

转盘萃取综合实验的目的是了解转盘萃取塔的基本结构、操作方法及萃取的工艺流程；观察转盘转速变化时，萃取塔内轻、重两相流动状况，了解萃取操作的主要影响因素，研究萃取操作条件对萃取过程的影响；掌握每米萃取高度的传质单元数 N_{OE}、传质单元高度 H_{OE} 和萃取率 η 的实验测定方法。

二、实验原理

萃取是分离和提纯物质的重要单元操作之一，是利用混合物中各组分在外加溶剂中的溶解度差异实现组分分离的单元操作。[1] 使用转盘塔进行液—液萃取操作时，两种液体在塔内逆流流动，其中一相液体作为分散相，以液滴形式通过另一种连续相液体，两种液相的浓度则在设备内作微分式的连续变化，并依靠密度差在塔的两端实现两液相间的分离。当轻相作为分散相时，相界面出现在塔的上端；反之，当重相作为分散相时，则相界面出现在塔的下端。

本实验以水为萃取剂，从煤油中萃取苯甲酸，苯甲酸在煤油中的浓度约为0.2%（质量分数）。水相为萃取相（用字母 E 表示，又称连续相或重相），煤油相为萃余相（用字母 R 表示，又称分散相或轻相）。在萃取过程中苯甲酸部分从萃余相转移至萃取相。萃取相及萃余相的进出口浓度由容量分析法测定。考虑到水与煤油是完全不互溶的，且苯甲酸在两相中的浓度都很低，可认为在萃取过程中两相液体的体积流量不发生变化（图 5-6）。

---

[1] 李卫宏、姜亦坚、刘达：《化工原理实验》，哈尔滨工业大学出版社，2021，第85页。

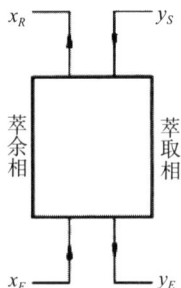

图 5-6　物料进塔平衡图

萃取塔的分离效率可以用传质单元高度或理论级当量高度表示。在轻重两相流量固定的条件下，增加转盘的速度，可以促进液体分散，改善两相流动条件，提高传质效果和萃取效率，降低萃取过程的传质单元高度。

（一）以萃取相为基准的传质单元数、传质单元高度和体积总传质系数

传质单元数：

$$N_{OE} = \int_{y_S}^{y_E} \frac{\mathrm{d}y}{y^* - y} = \frac{y_E - y_S}{\Delta y_m}$$

式中：y 为萃取塔内某处萃取相中溶质的浓度（kg 苯甲酸 /kg 水）；y^* 为与相应萃余相浓度成平衡的萃取相中溶质的浓度（kg 苯甲酸 /kg 水）；y_S 为进塔的萃取相（水相）中苯甲酸的浓度（kg 苯甲酸 /kg 水），本实验中 $y_S=0$；y_E 为出塔的萃取相（水相）中苯甲酸的浓度（kg 苯甲酸 /kg 水）；Δy_m 为萃取相的对数平均推动力（kg 苯甲酸 /kg 水）。

$$\Delta y_m = \frac{\left(y_F{}^* - y_E\right) - \left(y_R{}^* - y_S\right)}{\ln \dfrac{y_F{}^* - y_E}{y_R{}^* - y_S}}$$

式中：$y_F{}^*$ 为与进塔的萃余相浓度成平衡的萃取相中溶质的浓度（kg 苯甲酸 / kg 水）；$y_R{}^*$ 为与出塔的萃余相浓度成平衡的萃取相中溶质的浓度（kg 苯甲酸 / kg 水）。

于是根据 $H=H_{OE} \times N_{OE}$ 可计算出以萃取相为基准的传质单元高度：

$$H_{OE} = \frac{H}{N_{OE}}$$

式中：H 为萃取塔的有效接触高度（m），本实验中 $H=0.7$m；H_{OE} 为萃取相为基准的总传质单元高度，表示设备传质性能的好坏程度（m）；N_{OE} 为萃取

相为基准的总传质单元数，表示过程分离的难易程度（无量纲）。

体积总传质系数：

$$K_y a = \frac{S}{H_{OE} \times A}$$

式中：S 为萃取相中纯溶剂的流量（kg 水 /h）；A 为萃取塔的截面积（m^2）；$K_y a$ 为按萃取相计算的体积总传质系数 [kg/（m^3·h）]。

（二）萃取塔效率的计算

$$\eta = \frac{F \cdot x_F - R \cdot x_R}{F \cdot x_F}$$

式中：F 为进塔的原料液流量（kg 煤油 /h）；R 为出塔的萃余相流量（kg 煤油 /h）；x_F 为进塔的萃余相中溶质的浓度（kg 苯甲酸 /kg 煤油）；x_R 为出塔的萃余相中溶质的浓度（kg 苯甲酸 /kg 煤油）。

由于本装置进塔的萃余相流量可看作近似等于出塔的萃余相流量，即 $F=R$，所以：

$$\eta = \frac{x_F - x_R}{x_F} \times 100\%$$

（三）组成浓度的测定

对于煤油苯甲酸相—水相体系，采用酸碱中和滴定的方法测定进料液组成 x_F、萃余液组成 x_R 和萃取液组成 y_E，即苯甲酸的质量分数，具体步骤如下：

（1）用移液管量取待测样品 25mL，加 1～2 滴溴百里酚蓝指示剂。

（2）用 KOH—CH$_3$OH 溶液滴定至终点，则所测浓度为

$$x = \frac{N \cdot \Delta V \cdot 122}{25 \times 0.8}$$

式中：N 为 KOH—CH$_3$OH 溶液的当量浓度（N/mL）；ΔV 为滴定用去的 KOH—CH$_3$OH 溶液体积（mL）。

此外，苯甲酸的摩尔质量为 122g/mol，煤油密度为 0.8g/mL，样品量为 25 mL。

此实验也可以酚酞为指示剂，用 0.01mol/L NaOH 溶液滴定苯甲酸。

（3）根据物料平衡原理，则萃取相中苯甲酸的浓度为

$$y_E = \frac{F (x_F - x_R)}{S}$$

式中：y_E 为出塔的萃取相中溶质的浓度（kg 苯甲酸 /kg 水）。

（四）萃余相流量的修正

$$Q_{油} = Q_N \sqrt{\frac{(\rho_f - \rho_S)\, \rho_N}{(\rho_f - \rho_N)\, \rho_S}}$$

式中：$Q_{油}$ 为实际的流量值（L/h）；Q_N 为流量计的读数示值（L/h）；ρ_f 为浮子密度（kg/m³）；ρ_N 为 $\rho_{水}$，20℃ 时水的密度（kg/m³）；ρ_S 为 $\rho_{油}$，被测介质的密度（kg/m³）。

则 $F=R=\rho_{油} Q_{油}$，$S=\rho_{水} Q_{水}$，由此可计算出萃余相和萃取相的质量流量。

（五）苯甲酸在水和煤油中的平衡浓度曲线

由图 5-7 可知，20℃ 时苯甲酸在水和煤油中的平衡浓度曲线方程为 $y=0.6431x+0.0002$。

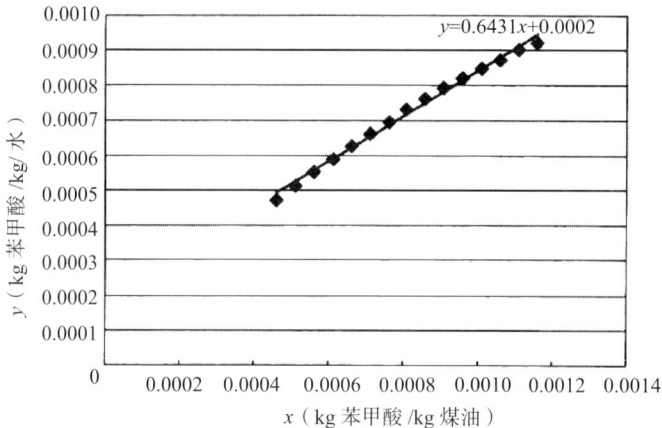

图 5-7　20℃苯甲酸在水和煤油中的平衡浓度曲线

三、实验装置

本实验装置如图 5-8 所示，操作时应先在塔内灌满连续相——水，然后开启分散相——煤油（含有饱和苯甲酸），待分散相在塔顶凝聚一定厚度的液层后，通过连续相的Ⅱ形管闸阀调节两相的界面于一定高度。对于本装置采用的实验物料体系，凝聚在塔的上端进行（塔的下端也设有凝聚段）。本装置外加能量的输入，可通过直流调速器来调节中心轴的转速。

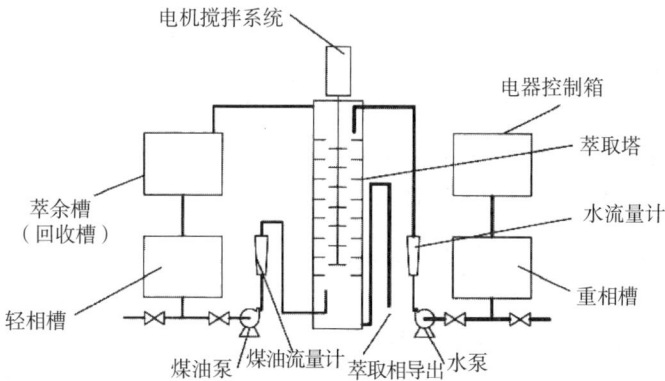

图 5-8 转盘萃取实验装置及流程图

四、实验方法

（1）将煤油配制成含苯甲酸的混合物（配制成饱和或近饱和），然后把它灌入轻相槽内。

注意：勿直接在槽内配置饱和溶液，防止固体颗粒堵塞煤油输送泵的入口。

（2）接通水管，将水灌入重相槽内，用磁力泵将它送入萃取塔内。

注意：磁力泵切不可空载运行。

（3）通过调节转速来控制外加能量的大小，在操作时转速逐步加大，中间会跨越一个临界转速（共振点），一般实验转速可取 500r/min。

（4）水在萃取塔内搅拌流动，并连续运行 5min 后，开启分散相——煤油管路，调节两相的体积流量，一般在 20 ～ 40L/h 范围，根据实验要求将两相的质量流量比调为 1∶1。

注意：在进行数据计算时，对煤油转子流量计测得的数据要校正，即煤油的实际流量为

$$V_{校} = \sqrt{\frac{1000}{800}} V_{测}$$

式中：$V_{测}$ 为煤油流量计上的显示值。

（5）待分散相在塔顶凝聚一定厚度的液层后，再通过连续相出口管路中 Π 形管上的阀门开合度来调节两相界面高度，操作中应维持上集液板中两相界面的恒定。

（6）通过改变转速分别测取效率 η 或 H_{OR}，从而判断外加能量对萃取过程

的影响。

（7）通过设备上的取样口取样分析。采用酸碱中和滴定的方法测定进料液组成 x_F、萃余液组成 x_R 和萃取液组成 y_E，即苯甲酸的质量分率。具体步骤如下：

首先，用移液管量取待测样品 25mL，加 1 ～ 2 滴溴百里酚蓝指示剂。

其次，用 KOH—CH$_3$OH 溶液滴定至终点。

最后，按式 $x = \dfrac{N \cdot \Delta V \cdot 122}{25 \times 0.8}$ 计算浓度。

五、注意事项

（1）在操作过程中，要绝对避免塔顶的两相界面在轻相出口以上，否则会导致水相混入油相储槽。

（2）调节电机转速时一定要小心谨慎，慢慢升速，切忌增速过快，否则会使电机"飞转"而损坏设备。电机转速不能高于 700r/min，对于煤油—水—苯甲酸物系，建议在 300 ～ 600r/min 范围操作。

（3）由于分散相和连续相在塔顶、塔底滞留很大，改变操作条件后，稳定时间一定要足够长，大约半小时，否则误差极大。

（4）煤油的实际体积流量并不等于流量计的读数。需要用煤油的实际流量数值时，必须用流量修正公式将流量计的读数修正后方可使用。

（5）煤油流量不要太小或太大，建议水和煤油流量取 10L/h。

实验四　升膜蒸发综合实验

课 件 资 源

将含有不挥发性溶质的溶液加热至沸腾，使其中的挥发性溶剂部分汽化从而将溶液浓缩的过程称为蒸发。蒸发操作被广泛应用于化工、轻工、制药、食品等许多工业中。蒸发操作的主要目的有三点。

第一，使稀溶液增浓，制取液体产品，或将浓缩的溶液进一步处理，制取固体产品。

第二，制取纯净溶剂。

第三，同时制取浓溶液和回收溶剂。

常用蒸发器主要由加热室和分离室两部分组成，蒸发器的多样性取决于加热室、分离室的结构及其组合方式的变化。加热室的形式有多种，最初采用夹套式或蛇管式加热装置，其后有横卧式短管加热室及竖式短管加热室。

一、实验目的

升膜蒸发综合实验的目的是观察在加热状态下，气液两相通过垂直管向上流动的各种流型及形成过程；测定并比较弹状流与环状流的沸腾传热系数；通过计算热平衡，求出开始形成弹状流及环状流的表观气速。

二、实验原理

升膜蒸发器是一种典型的流动沸腾操作，管内是气液两相流动。当流体物性数据、流场的几何形状和尺寸以及旋转方式均固定时，影响流型的主要因素是热通量。因此，逐渐提高升膜蒸发器的加热功率，使气液两相中的蒸汽量不断增加，则在管内逐次出现泡状流、弹状流、搅拌流以及环状流流型，如图5-9所示。

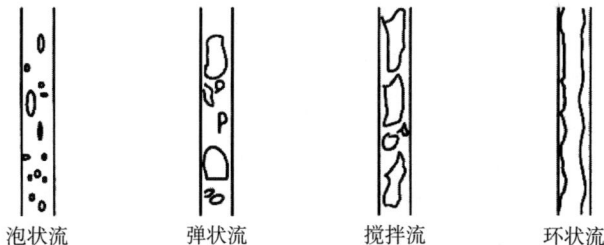

泡状流　　　　弹状流　　　　搅拌流　　　　环状流

图5-9　垂直管内两相流型示意图

泡状流是指在液相中有近似均匀分散的小气泡的流动；弹状流是指大多数气体以较大的子弹形气泡存在并流动，在弹状泡与管壁之间以及两个弹状泡之间的液层中充满了小气泡；搅拌流是弹状流的发展，弹状泡被破坏成狭条状，流型较混乱；环状流则是指含有液滴的连续气相沿管中心向上流动，含有小气泡的液相则沿管壁向上流动。

影响气液两相流型的主要因素有流体物性（黏度、表面张力、密度等），流道的集合形状，放置方式（水平、垂直或倾斜），尺寸、流向以及气液相的流速等。对于垂直气液两相向上流动的升膜蒸发器，当流道直径及物料性质固定后，各流型的转变主要取决于气液流量，关键参数为气速。环状流一般在气速不小于10m/s 时出现，此时料液贴在管内壁拉曳成薄膜状向上流动，环状液膜上升必须克服其重力以及与壁面的摩擦力。

沸腾传热系数的测定原理是向升膜蒸发器测量段输入一定的热量，利用安装在该段壁面及中心的热电偶测出壁温和流体主体温度，然后采用下式计算沸腾传热系数 α：

$$\alpha = \frac{Q}{A} \cdot \Delta t$$

式中：Q 为传热速率（W）（用输入热量减去散热量）；A 为测量段传热面积（m^2）；α 为平均对流传热系数 [W/（$m^2 \cdot C$）]；Δt 为过热度（℃），$\Delta t = t_w - t_b$，t_W 为内壁温，t_b 为流体主体温度。

本实验在单管升膜蒸发器中以水为物料，通过改变加热功率来观察它们的不同流型，计算出它们的传热系数、干度，由此结果分析总结出它们的规律。

本次实验所用的主要计算公式为：

$$a = \frac{Q - Q_{损}}{S_1(t_W - t_b)}$$

$$Q_{损} = \alpha_R \cdot S_R \cdot \Delta t_R$$

$$\alpha_R = 9.4 + 0.052（t_R - t）$$

$$S_1 = \pi d_i L$$

$$S_R = \pi d_R L$$

$$X = \frac{W_V}{W}$$

式中：α 为对流传热系数 [W/（$m^2 \cdot ℃$）]；Q 为传热量（W）；$Q_{损}$ 为热损失量（W）；t_W 为内壁温度（℃）；t_b 为主流温度（℃）；S_1 为传热面积（m^2）；S_R 为热损失面积（m^2）；d_i 为测量管内径（m）；d_R 为保温层外径（m）；L 为测量段管长（m）；t_R 为保温层外温度（℃）；t 为室温（℃）；X 为干度（量纲为 1）；W_V 为管顶流出蒸汽流量（L/h）；W 为进入釜的冷水流量（L/h）。

三、实验装置

本实验采用升膜蒸发器进行纯净水的蒸发，其中蒸发管的参数见装置说明书。

空气、水温度及传热管壁温的测量全部采用铜—康铜热电偶温度计，得出温度 T（℃），用数字式毫伏计测出与其对应的热电势 E（mV），再根据以下公式计算得到：

$$T_W=8.5+21.26E$$

四、实验方法

（一）实验流程

本实验装置的流程如图 5-10 所示。物料由水泵从水箱经过转子流量计注入预热釜中加热。

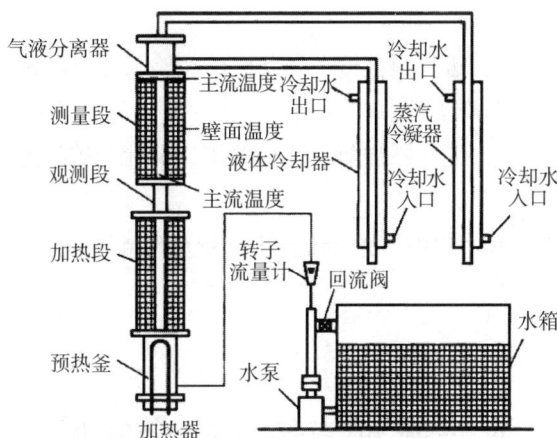

图 5-10 升膜蒸发实验装置流程示意图

然后进入蒸发管中，由加热段外的电炉丝继续加热，进入玻璃观测段后可以观察到加热过程中管内液相沸腾时的流型。随后，气液两相流体进入测量段，最后气液两相在气液分离器中分离，液体经冷却器冷却沿下端塑料管返回水箱，气体经冷凝器冷凝沿下端塑料管滴入大量筒中。根据一定时间内的流量算出冷凝量及干度。在测量段保温层外设置一支温度计，读取保温层外温度，用以计算热损失量。

（二）实验步骤

（1）实验前将水箱底阀关闭，箱内充满待测液，泵出口回流阀处于全开状态。所有电器开关均为关闭状态。冰水桶内放满冰水，热电偶丝冷端插入冰水混合物中。

（2）合上电源开关，打开冷却水，启动泵，开启流量计调节阀，调节流量为 20L/h。

（3）待蒸发管内充满待测液后，依次给预热釜、加热段、测量段通电加热。

（4）将加热段加热电压调到较低值，通过玻璃观测段观察流型。当管内出现泡状流时，观测流型；当毫伏表中热电势值基本稳定时，记下观察的流型，并记下内壁、主体及空气对应的热电势值。从冷凝器下端出口测取蒸气冷凝液的流量，读取保温层外壁温度。

（5）逐渐加大加热段输入总功率、测量段输入功率，加水速率维持不变。待开始出现弹状流流型时，稳定一段时间，记下观察的流型，记下内壁、主体及空气对应的热电势值，从冷凝器下端出口测取蒸气冷凝液的流量，读取保温层外壁温度。

（6）以相同的步骤进行搅拌流及环状流的实验，并记录相应的实验数据，其中搅拌流只进行流型观察。

（7）读数完毕后，先切断加热电路，关闭流量计上的阀门，再停泵，关闭电源。

注意：在整个实验过程中，务必维持水流量及测量段输入功率不变。

实验五　液—液对流传热综合实验

课件资源

在工业生产或实验研究中，经常需要通过两种流体的热量交换实现对流体的加热或冷却。为了加快热量传递过程，往往需要使流体强制流动，加大流体的对流传热系数。

对于在强制对流下的液—液热交换过程，有不少学者进行过研究，并拟合得到了不少计算表面传热系数的关联式，这些研究结果都是在实验基础上取得的。对于新的物系或者新的设备，仍须通过实验来取得传热系数的数据及其计算式。

一、实验目的

本实验测定在套管换热器中进行的液—液热交换过程的总传热系数，流体在圆管内作强制湍流时的表面传热系数，以及确立求算传热系数的关联式。同时希望通过本实验，读者能对传热过程的实验研究方法有所了解，并加深对传热过程基本原理的理解。

二、实验原理

冷热流体通过固体壁进行的热交换过程（间壁换热过程），先由热流体把热量传递给固体壁面，然后热量通过固体壁面的一侧传向另一侧，最后再由壁面把热量传给冷流体。因此，从传热方式上看，间壁换热过程即由对流传热—热传导—对流传热三个过程串联组成。

若热流体在套管热交换器的管内流过，而冷流体在管外流过，设备两端测试点上的温度如图 5-11 所示。

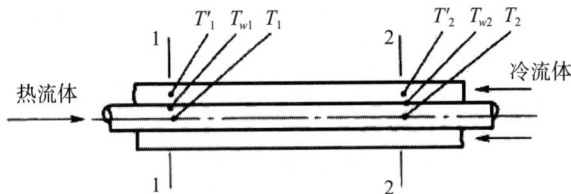

图 5-11　套管热交换器两端测试点的温度

在单位时间内热流体向冷流体传递的热量，可用热流体的热量衡算方程来表示：

$$Q = m_s c_p (T_1 - T_2)$$

就整个热交换而言，传热速率基本方程经过数学处理，可得总的传热方程为：

$$Q = KA\Delta T_m$$

式中：Q 为传热速率（J/s 或 W）；m_s 为热流体的质量流量（kg/s）；c_p 为热流体的平均比热容 [J/（kg·K）]；T 为热流体的温度（K）（符号下标 1 和 2 分别表示热交换器两端的数值）；K 为传热总系数 [W/（m²·K）]；A 为热交换面积（m²）；ΔT_m 为两流体间的平均温度差（K）。

若 ΔT_1 和 ΔT_2 分别为热交换器两端冷热流体之间的温度差，则：

$$\Delta T_1 = T_1 - T'_1$$

$$\Delta T_2 = T_2 - T'_2$$

则平均温度差可按下式计算：

$$\Delta T_m = \frac{\Delta T_2 - \Delta T_1}{\ln \dfrac{\Delta T_2}{\Delta T_1}}$$

将上述两式联立求解，可得总传热系数的计算式为：

$$K = \frac{m_s c_p (T_1 - T_2)}{A \Delta T_m}$$

就固体壁面两侧的给热过程来说，给热速率基本方程为：

$$Q = \alpha_1 A_{w1} (T_1 - T_{w1}) = \alpha_2 A_{w2} (T_{w2} - T')$$

根据热交换两端的边界条件，经数学推导，同理可得管内给热过程的给热速率计算式为：

$$Q = \alpha_1 A_w \Delta T_{mw}$$

式中：α_1 与 α_2 分别为固体壁两侧的传热膜系数 [W/（m^2·K）]；A_{w1} 与 A_{w2}' 分别为固体壁两侧的内壁表面积和外壁表面积（m^2）；T' 为冷流体的温度（K）；T_{w1} 与 T_{w2} 分别为固体壁两侧的内壁面温度和外壁面温度（K）；ΔT_{mw} 为热流体与内壁面之间的平均温度差（K）。

热流体与管内壁面之间的平均温度差可按下式计算：

$$\Delta T_{mw} = \frac{(T_1 - T_{w1}) - (T_2 - T_{w2})}{\ln \dfrac{T_1 - T_{w1}}{T_2 - T_{w2}}}$$

由 $Q = m_s c_p (T_1 - T_2)$ 和 $Q = \alpha_1 A_w \Delta T_{mw}$ 两个式子联立求解可以得到管内传热膜系数的计算式为：

$$\alpha_1 = \frac{m_s c_P (T_1 - T_2)}{A_{w1} \Delta T_{mw}}$$

同理，也可得到管外给热过程的传热膜系数的类同公式为：

$$\alpha_2 = \frac{m_s c_P (T'_1 - T'_2)}{A_{w2} \Delta T'_{mw}}$$

流体在圆形直管内作强制对流时，对流传热系数 α 与各项影响因素，如管内径 d（m）、管内流速 u（m/s）、流体密度 ρ（kg/m^3）、流体黏度 μ（Pa·s）、定压比热容 c_p [（J/kg·K）] 和流体导热系数 λ [W/（m·K）] 之间的关系可关联成如下准数关联式：

$$Nu=aRe^mPr^n$$

其中，

$$Nu=\frac{\alpha d}{\lambda}（努塞尔准数）$$

$$Re=\frac{du\rho}{\mu}（雷诺准数）$$

$$Pr=\frac{c_P\cdot\mu}{\lambda}（普兰特准数）$$

上列关联式中系数 a 和指数 m、n 的具体数值，需要通过实验来测定。实验测得 a、m、n 数值后，对流传热系数即可由该式计算得出。例如，当流体在圆形直管内作强制湍流时：

$$Re>10000$$

$$Pr=0.7\sim160$$

$$l/d>50$$

则流体被冷却时，a 值可按下列公式求算：

$$Nu=0.023Re^{0.8}Pr^{0.3}$$

或是：

$$\alpha=0.023\frac{\lambda}{d}\left(\frac{du\rho}{\mu}\right)^{0.8}\left(\frac{c_P\cdot\mu}{\lambda}\right)^{0.3}$$

流体被加热时：

$$Nu=0.023Re^{0.8}Pr^{0.4}$$

或是：

$$\alpha=0.023\frac{\lambda}{d}\left(\frac{du\rho}{\mu}\right)^{0.8}\left(\frac{c_P\cdot\mu}{\lambda}\right)^{0.4}$$

当流体在套管环隙内作强制湍流时，上列各式中 d 用当量直径 d_e 替代即可。各项物性常数均取流体进出口平均温度下的数值。

三、实验设备

本实验装置主要由套管热交换器、恒温循环水槽、高位稳压水槽以及一系列测量和控制仪表组成，装置流程如图5-12所示。

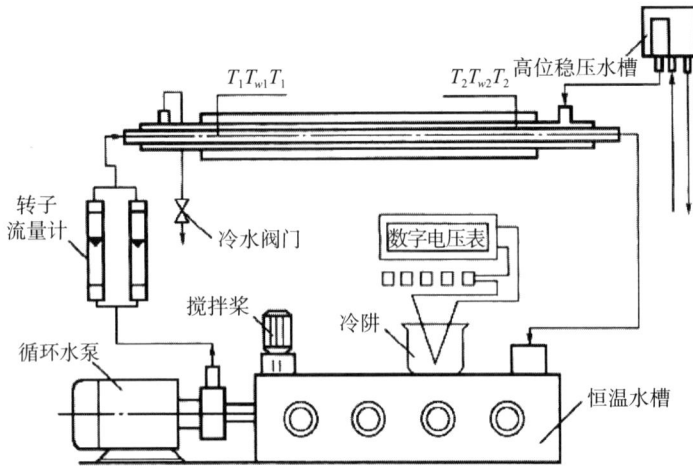

图 5-12　套管换热器液—液热交换实验装置流程图

套管热交换器由一根 $\varPhi12mm \times 1.5mm$ 的黄铜管作为内管，$\varPhi20mm \times 2.0mm$ 的有机玻璃管作为套管。套管热交换器外面再套一根 $\varPhi32mm \times 2.5mm$ 的有机玻璃管作为保温管。套管热交换器两端测温点之间（测试段距离）为 1.0m。每一个检测端面上在管内、管外和管壁内设置三支铜—康铜热电偶，并通过转换开关与数字电压表相连接，用以测量管内、管外的流体温度和管内壁的温度。

热水由循环水泵从恒温水槽送入管内，然后经转子流量计再返回槽内。恒温循环水槽中用电热器补充热水在热交换器中失去的热量，并保持恒温。

冷水由自来水管直接送入高位稳压水槽，再由稳压水槽流经转子流量计和套管的环隙空间。高位稳压水槽排出的溢流水和由换热管排出的被加热的水，均排入下水道。

四、实验方法

（一）实验前准备工作

（1）向恒温循环水槽灌入自来水，直至溢流管有水溢出为止。

（2）开启并调节通往高位稳压水槽的自来水阀门，使槽内充满水，溢流管有水流出。

（3）将冰捣碎成细粒，放入冷阱中并掺入少许自来水，使之呈粥状。将热电偶冷接点插入冰水中，盖严盖子。

（4）设定恒温循环水槽的温度自控装置为55℃。启动恒温水槽的电加热器，等恒温水槽的水达到预定温度后即可开始实验。

（5）准备好热水转子流量计的流量标定曲线和热电偶分度表。

（二）实验操作步骤

（1）开启冷水截止球阀，测定冷水流量，冷水流量在实验过程中保持恒定。

（2）启动循环水泵，开启并调节热水调节阀。流量在 60～250L/h，选取若干流量值（一般要求不少于5～6组测试数据）进行实验测定。

（3）每调节一次热水流量，待流量和温度都恒定后再通过琴键开关，依次测定各点温度。

五、实验注意事项

（1）开始实验时，必须先向换热器通冷水，再启动热水泵。停止实验时，必须先关停热电器，待热交换器管内存留热水冷却后，再关停水泵并关闭冷水阀门。

（2）先启动循环泵，使温水槽内的水流动起来后再启动恒温水槽的电热器。

（3）在启动循环水泵之前，必须先关闭热水调节阀门，待水泵运行正常后再慢慢开启调节阀。

（4）每改变一次热水流量，务必等待传热过程稳定之后才能测取数据。每组数据最好重复测取数次。当测得流量和各点温度数值恒定后，表明传热过程已达稳定状态。

参考文献

[1] 陈要男. 斡旋流体技术在功能食品包埋及可降解食品包装膜的应用研究 [D]. 广州：广州大学，2021.

[2] 陈跃文，周雁，陈杰，等. 食品产品开发实验技术 [M]. 杭州：浙江工商大学出版社，2018.

[3] 邓文生，刘文芳，李弥昇，等. 化工原理实验 [M]. 北京：北京理工大学出版社，2022.

[4] 丁武. 食品工艺学实验指导 [M]. 北京：中国轻工业出版社，2020.

[5] 冯骉. 食品工程原理 [M]. 北京：中国轻工业出版社，2006.

[6] 冯红艳，徐铜文，杨伟华，等. 化学工程实验 [M]. 合肥：中国科学技术大学出版社，2014.

[7] 胡兰. 动物生物化学实验教程 [M]. 北京：中国农业大学出版社，2006.

[8] 黄美英，梁克中. 化工原理实验 [M]. 重庆：重庆大学出版社，2021.

[9] 黄亚东. 食品工程原理 [M]. 北京：高等教育出版社，2003.

[10] 雷质文，唐丹舟，姜英辉，等. 食品实验室人员管理——认证认可机制下食品实验室人员管理指南 [M]. 北京：中国标准出版社，2015.

[11] 李金龙，吕君，张浩. 化工原理实验 [M]. 哈尔滨：哈尔滨工程大学出版社，2012.

[12] 李敏，郑俏然. 食品分析实验指导 [M]. 北京：中国轻工业出版社，2019.

[13] 李卫宏，姜亦坚，刘达. 化工原理实验 [M]. 哈尔滨：哈尔滨工业大学出版社，2021.

[14] 李云飞，葛克山. 食品工程原理 [M]. 北京：中国农业大学出版社，2018.

[15] 刘军海，李志洲.化工原理实验[M].西安：西北工业大学出版社，2021.

[16] 刘晓辉，杨明，黄剑波，等.食品工程原理实验报告探析[J].佛山科学技术学院学报（自然科学版），2012（2）：71-74.

[17] 刘宇，屈岩峰.食品工程原理[M].哈尔滨：黑龙江大学出版社，2019.

[18] 吕维忠.化学工程基础实验技术[M].北京：中国人民公安大学出版社，2003.

[19] 秦正龙，刘飒，龙洲洋，等.化工原理实验[M].北京：科学出版社，2017.

[20] 荣瑞芬，闫文杰.食品科学与工程综合实验指导[M].北京：中国轻工业出版社，2018.

[21] 石汝杰.化学综合实验指导·食品科学与工程专业实验实习指导用书[M].北京：中国中医药出版社，2019.

[22] 孙金堂.化工原理实验[M].武汉：华中科技大学出版社，2011.

[23] 谭献忠，吕续舰.流体力学实验[M].南京：东南大学出版社，2021.

[24] 王冬梅.分析化学实验[M].2版.武汉：华中科技大学出版社，2017.

[25] 辛志玲，朱晟，张萍.化工原理实验[M].北京：冶金工业出版社，2022.

[26] 徐伟.化工原理实验[M].北京：化学工业出版社，2017.

[27] 许光泉，徐智敏.水科学实验[M].徐州：中国矿业大学出版社，2021.

[28] 杨同舟.食品工程原理[M].北京：中国农业出版社，2001.

[29] 于殿宇.食品工程综合实验[M].北京：中国林业出版社，2014.

[30] 余以刚，曾庆祝.食品质量与安全检验实验[M].北京：中国质检出版社，2014.

[31] 赵秋萍，李春雷.化工原理实验[M].成都：西南交通大学出版社，2014.

[32] 赵思明.食品工程实验技术[M].北京：科学出版社，2013.

[33] 赵思明.食品工程原理[M].2版.北京：科学出版社，2016.

[34] 钟瑞敏，翟迪升，朱定和.食品工艺学实验与生产实训指导[M].北京：中国纺织出版社，2015.

[35] 周巍.食品工程原理[M].北京：中国轻工业出版社，2002.

[36] 周雁，傅玉颖.食品工程综合实验[M].杭州：浙江工商大学出版社，2009.

附　录

附录一　常用单位的换算

附表 1-1　质量单位换算表

千克（kg）	吨（t）	磅（lb）
1	0.001	2.20462
1000	1	2204.62
0.4536	4.536×10^{-4}	1

附表 1-2　长度单位换算表

米（m）	英寸（in）	英尺（ft）	码（yd）
1	39.3701	3.2808	1.09361
0.025400	1	0.083333	0.02778
0.30480	12	1	0.33333
0.9144	36	3	1

附表 1-3　力学单位换算表

牛顿（N）	千克力（kgf）	磅力（lbf）	达因（dyn）
1	0.102	0.2248	1×10^5
9.80665	1	2.2046	9.80665×10^5
4.448	0.4536	1	4.448×10^5
1×10^{-5}	1.02×10^{-6}	2.248×10^{-6}	1

附表 1-4　压强单位换算表

帕（Pa）	巴（bar）	工程大气压（kgf/cm²）	标准大气压（atm）	毫米水柱（mmH$_2$O）	毫米汞柱（mmHg）	磅力/平方英寸（psi）
1	1×10^{-5}	1.02×10^{-5}	0.99×10^{-5}	0.102	0.0075	14.5×10^{-5}
1×10^5	1	1.02	0.9869	10197	750.1	14.5
98.07×10^3	0.9807	1	0.9678	1×10^4	735.56	14.2
1.01325×10^5	1.013	1.0332	1	1.0332×10^4	760	14.697
9.807	9.807×10^{-5}	0.0001	0.9678×10^{-4}	1	0.0736	1.423×10^{-3}
133.32	1.333×10^{-3}	0.136×10^{-2}	0.00132	13.6	1	0.01934
6894.8	0.06895	0.0703	0.068	703	51.71	1

附表 1-5　功、能、热单位换算表

焦耳（J）	公斤力·米（kgf·m）	千瓦小时（kW·h）	英制马力小时（hp·h）	千卡（kcal）	英热单位（BTU）	英尺·磅（ft·lbf）
1	0.102	2.778×10^{-7}	3.725×10^{-7}	2.39×10^{-4}	9.485×10^{-4}	0.7377
9.8067	1	2.724×10^{-6}	3.653×10^{-6}	2.342×10^{-3}	9.296×10^{-3}	7.233
3.6×10^6	3.671×10^5	1	1.341	860	3413	2655×10^3
2.685×10^6	273.8×10^3	0.7457	1	641.33	2544	1980×10^3
4.186×10^3	426.9	1.1622×10^{-3}	1.5576×10^{-3}	1	3.963	3087
1.055×10^3	107.58	2.930×10^{-4}	3.926×10^{-4}	0.252	1	778.1
1.3558	0.1383	0.3766×10^{-6}	0.5051×10^{-6}	3.239×10^{-4}	1.285×10^{-3}	1

附录二　常用材料的物理性质

附表 2-1　干空气的物理性质（p=1.013×10⁵Pa）

温度 /℃	密度 /(kg/m³)	比热容 /[kJ/(kg·℃)]	导热系数 /[×10²W/(m·℃)]	黏度 /[×10⁵Pa·s]	普兰特准数 (Pr)
−50	1.584	1.013	2.035	1.46	0.728
−40	1.515	1.013	2.117	1.52	0.728
−30	1.453	1.013	2.198	1.57	0.723
−20	1.395	1.009	2.279	1.62	0.716
−10	1.342	1.009	2.36	1.67	0.712
0	1.293	1.005	2.442	1.72	0.707
10	1.247	1.005	2.512	1.77	0.705
20	1.205	1.005	2.593	1.81	0.703
30	1.165	1.005	2.675	1.86	0.701
40	1.128	1.005	2.756	1.91	0.699
50	1.093	1.005	2.826	1.96	0.698
60	1.06	1.005	2.896	2.01	0.696
70	1.029	1.009	2.966	2.06	0.694
80	1	1.009	3.047	2.11	0.692
90	0.972	1.009	3.128	2.15	0.69
100	0.946	1.009	3.21	2.19	0.688
120	0.898	1.009	3.338	2.29	0.686

温度/℃	密度/(kg/m³)	比热容/[kJ/(kg·℃)]	导热系数/[×10²W/(m·℃)]	黏度/[×10⁵Pa·s]	普兰特准数(Pr)
140	0.854	1.013	3.489	2.37	0.684
160	0.815	1.017	3.64	2.45	0.682
180	0.779	1.022	3.78	2.53	0.681
200	0.746	1.026	3.931	2.6	0.68
250	0.674	1.038	4.288	2.74	0.677
300	0.615	1.048	4.605	2.97	0.674
350	0.566	1.059	4.908	3.14	0.676
400	0.524	1.068	5.21	3.31	0.678
500	0.456	1.093	5.745	3.62	0.687
600	0.404	1.114	6.222	3.91	0.699
700	0.362	1.135	6.711	4.18	0.706
800	0.329	1.156	7.176	4.43	0.713
900	0.301	1.172	7.63	4.67	0.717
1000	0.277	1.185	8.041	4.9	0.719

附表 2-2　水的物理性质

温度/℃	饱和蒸气压/kPa	密度/(kg/m³)	焓/(kJ/kg)	比热容/[kJ/(kg·℃)]	导热系数 λ/[×10²W/(m·℃)]	黏度 μ/(×10⁵Pa·s)	体积膨胀系数 β/(×10⁴/℃)	表面张力 σ/(×10⁵N/m)	普兰特准数(Pr)
0	0.6082	999.9	0	4.212	55.13	179.21	-0.63	75.6	13.66
10	1.2262	999.7	42.04	4.191	57.45	130.77	0.7	74.1	9.52
20	2.3346	998.2	83.9	4.183	59.89	100.5	1.82	72.6	7.01
30	4.2474	995.7	125.69	4.174	61.76	80.07	3.21	71.2	5.42
40	7.3766	992.2	167.51	4.174	63.38	65.6	3.87	69.6	4.32

温度 /℃	饱和蒸气压 / kPa	密度 / (kg/ m³)	焓 / (kJ/ kg)	比热容 / [kJ/ (kg·℃)]	导热系数 λ /[×10²W/ (m·℃)]	黏度 μ / (×10⁵ Pa·s)	体积膨胀系数 β /(×10⁴/℃)	表面张力 σ (×10⁵N/m)	普兰特准数 (Pr)
50	12.34	988.1	209.3	4.174	64.78	54.94	4.49	67.7	3.54
60	19.923	983.2	251.12	4.178	65.94	46.88	5.11	66.2	2.98
70	31.164	977.8	292.99	4.187	66.76	40.61	5.7	64.3	2.54
80	47.379	971.8	334.94	4.195	67.45	35.65	6.32	62.6	2.22
90	70.136	965.3	376.98	4.208	68.04	31.65	6.95	60.7	1.96
100	101.33	958.4	419.1	4.22	68.27	28.38	7.52	58.8	1.76
110	143.31	951	461.34	4.238	68.5	25.89	8.08	56.9	1.61
120	198.64	943.1	503.67	4.26	68.62	23.73	8.64	54.8	1.47
130	270.25	934.8	546.38	4.266	68.62	21.77	9.17	52.8	1.36
140	361.47	926.1	589.08	4.287	68.5	20.1	9.72	50.7	1.26
150	476.24	917	632.2	4.312	68.38	18.63	10.3	48.6	1.18
160	618.28	907.4	675.33	4.346	68.27	17.36	10.7	46.6	1.11
170	792.59	897.3	719.29	4.379	67.92	16.28	11.3	45.3	1.05
180	1003.5	886.9	763.25	4.417	67.45	15.3	11.9	42.3	1
190	1255.6	876	807.63	4.46	66.99	14.42	12.6	40	0.96

附表 2-3　饱和水蒸气的物理性质

温度 (t)/℃	压强 (p)/kPa	蒸汽密度 (ρ)/ (kg/ m³)	焓 (H) / (kJ/kg)		汽化热 (r)/ (kJ/kg)
			液体	蒸汽	
0	0.6082	0.00484	0	2491.1	2491.1
5	0.873	0.0068	20.94	2500.8	2479.86
10	1.2263	0.0094	41.87	2510.4	2468.53

温度 (t)/℃	压强 (p)/kPa	蒸汽密度 (ρ)/（kg/m³）	焓 (H) /（kJ/kg）		汽化热 (r) /（kJ/kg）
			液体	蒸汽	
15	1.7068	0.01283	62.8	2520.5	2457.7
20	2.3346	0.01719	83.74	2530.1	2446.3
25	3.1684	0.02304	104.67	2539.7	2435.0
30	4.2474	0.03036	125.6	2549.3	2423.7
35	5.6207	0.0396	146.54	2559	2412.4
40	7.3766	0.05114	167.47	2568.6	2401.1
45	9.5837	0.06543	188.41	2577.8	2389.4
50	12.34	0.083	209.34	2587.4	2378.1
55	15.743	0.1043	230.27	2596.7	2366.4
60	19.923	0.1301	251.21	2606.3	2355.1
65	25.014	0.1611	272.14	2615.5	2343.4
70	31.164	0.1979	293.08	2624.3	2331.2
75	38.551	0.2416	314.01	2633.5	2319.5
80	47.379	0.2929	334.94	2642.3	2307.8
85	57.875	0.3531	355.88	2651.1	2295.2
90	70.136	0.4229	376.81	2659.9	2283.1
95	84.556	0.5039	397.75	2668.7	2.270.9
100	101.33	0.597	418.68	2677	2258.4
105	120.85	0.7036	440.03	2685	2245.4
110	143.31	0.8254	460.97	2693.4	2232.0

温度 (t)/℃	压强 (p)/kPa	蒸汽密度 (ρ)/ (kg/m³)	焓 (H)/（kJ/kg）		汽化热 (r)/ （kJ/kg）
			液体	蒸汽	
115	169.11	0.9635	482.32	2701.3	2219.0
120	198.64	1.119	503.67	2708.9	2205.2
125	232.19	1.296	525.02	2716.4	2191.8
130	270.25	1.494	546.38	2723.9	2177.6
135	313.11	1.715	567.73	2731	2163.3
140	361.47	1.962	589.08	2737.7	2148.7
145	415.72	2.238	610.85	2744.4	2134
150	476.24	2.543	632.21	2750.7	2118.5
160	618.28	3.252	675.75	2762.9	2087.1
170	792.59	4.113	719.29	2773.3	2054.0
180	1003.5	5.145	763.25	2782.5	2019.3
190	1255.6	6.378	807.64	2790.1	1982.4
200	1554.77	7.84	852.01	2795.5	1943.5
210	1917.72	9.567	897.23	2799.3	1902.5
220	2320.88	11.6	942.45	2801	1858.5
230	2798.59	13.98	988.5	2800.1	1811.6
240	3347.91	16.76	1034.56	2796.8	1761.8
250	3977.67	20.01	1081.45	2790.1	1708.6
260	4693.75	23.82	1128.76	2780.9	1651.7
270	5503.99	28.27	1176.91	2768.3	1591.4

续表

温度 (t)/℃	压强 (p)/kPa	蒸汽密度 (ρ)/ (kg/ m³)	焓 (H)/ (kJ/kg)		汽化热 (r)/ (kJ/kg)
			液体	蒸汽	
280	6714.24	33.47	1225.48	2752	1526.5
290	7443.29	39.6	1274.46	2732.3	1457.4
300	8592.94	46.93	1025.54	2708	1382.5
310	9877.96	55.59	1378.71	2680	1301.3
320	11300.3	65.95	1436.07	2648.2	1212.1

附表 2-4　常用溶剂的性质

名称	分子式	相对分子质量	蒸汽压 (P)/Pa			沸点 (t)/℃	相对密度
			0℃	25℃	100℃		
甲醇	CH_3OH	32.04	3995	16313	356044	64.72	0.7913
乙醇	C_2H_5OH	46.07	1697	7865	225544	78.3	0.7892
叔丁醇	$(CH_3)_3COH$	74.12	160	926	49321	117.7	0.8109
三氯甲烷	$CHCl_3$	119.39	7998	24459	328718	61.2	1.498（15℃）
四氯化碳	CCl_4	153.84	4506	15263	195764	76.7	1.585（25℃）
二氯乙烯	$C_2H_2Cl_2$	96.95	13330	41323	466017	83.5	1.255
三氯乙烯	C_2HCl_3	131.40	7598	27993	153295	86.7	1.470（15℃）
丙酮	$(CH_3)_2CO$	58.08	8798	30526	370841	56.2	0.7898
乙醚	$(C_2H_5)_2O$	74.12	24647	71382	647172	34.6	0.7193（15℃）
苯	C_6H_6	78.11	3532	12626	179155	80.1	0.8791
甲苯	$C_6H_5CH_3$	92.13	693	2967	63331	115.6	0.8716（15℃）
二硫化碳	CS_2	76.14	17062	48401	443223	46.5	1.2261

附表 2-5　一些食品材料热导率实验数据

食品名称	温度（t）/℃	含水量（wt）/%	热导率（λ）/[W/（m·K）]（实验者）
苹果汁	20	87	0.599（Ricdel）
	80		0.631
	20	70	0.504
	80		0.564
	20	36	0.389
	80		0.435
苹果	8		0.418（Gane）
干苹果	23	41.6	0.219（Sweat）
干杏	23	43.6	0.375（Sweat）
草莓酱	20	41	0.338（Sweat）
牛肉脂肪	35	0	0.190（Poppendick）
	35	20	0.23
瘦牛肉 =	3	75	0.506（Lentz）
	-15		1.42
瘦牛肉 =	20	79	0.430（Hill）
	-15		1.43
瘦牛肉 ⊥	20	79	0.408（Hill）
	-15		
瘦牛肉 ⊥	3	74	0.471（Lentz）
	-15		1.12
猪肉脂肪	3	6	0.215（Lentz）
	-15		0.218

食品名称	温度（t）/℃	含水量（wt）/%	热导率（λ）/[W/(m·K)]（实验者）
瘦猪肉 = （6.1% 脂肪）	4	72	0.478（Lentz）
	−15		1.49
瘦猪肉 = （6.7% 脂肪）	20	76	0.453（Hill）
	−13		1.42
瘦猪肉 ⊥ （6.1% 脂肪）	4	72	0.456（Lentz）
	−15		1.29
瘦猪肉 ⊥ （6.7% 脂肪）	20	76	0.505（Hill）
	−14		1.3
蛋黄（32.7% 脂肪，16.75% 蛋白质）	31	50.6	0.420（Poppendick）
鳕鱼 ⊥ （0.1% 脂肪）	3	83	0.534
	−15		1.46
鲑鱼 ⊥ （12% 脂肪）	3	67	0.531（Lentz）
	−5		1.24
全奶（3% 脂肪）	28	90	0.580（Leidenfrost）
巧克力蛋糕	23	31.9	0.106（Sweat）

注　表中符号 = 和 ⊥ 分别表示平行和垂直纤维方向。

附表 2-6　一些食品组分的热物理性质

组分	密度（ρ）/（kg/m³）	比热容（c_p）/（kJ/kg）	热导率（λ）/[W/(m·K)]
水	1000	4.182	0.6
碳水化合物	1550	1.42	0.58
蛋白质	1380	1.55	0.2

续表

组分	密度（ρ）/（kg/m³）	比热容 （c_p）/（kJ/kg）	热导率（λ）/[W/ （m·K）]
脂肪	930	1.67*	0.18
空气	1.24	1	0.025
冰	917	2.11	2.24
矿物质	2400	0.84	—

注 *固体脂肪的比热容为 1.67，而液态脂肪的比热容为 2.094。

附表 2-7 一些食品容器材料的热物理性质

材料	热导率 / [W/（m·K）]	比热容 / [kJ/（kg·K）]	有效密度 / （kg/m³）	热扩散系数 / （m²/s）
不锈钢	16	0.50	7900	4.0
硼硅玻璃	1.1	0.84	2200	0.6
尼龙	0.24	1.7	1100	0.13
聚乙烯（高密底）	0.84	2.3	960	0.22
聚乙烯（低密度）	0.33	2.3	930	0.15
聚丙烯	0.12	1.9	910	0.069
聚四氟乙烯	0.26	1.0	2100	0.12

附表 2-8 几种常用包装材料的热阻

材料	厚度（δ）/mm	热阻（δ/λ）
蜡纸板	0.625	0.0096
带玻璃纸的蜡纸板	0.568	0.0109
铝箔	0.509	0.007
	0.599	0.0095
	0.568	0.0075
双层蜡防水纸	0.212	0.0035

附表 2-9　壁面污垢的热传导系数

冷却水 / (m² · K/W)				
加热液体的温度 /℃	115 以下		115 ～ 205	
水的温度 /℃	25 以下	25 以上	—	—
水的流速 / (m/s)	1 以下	1 以上	1 以下	1 以上
海水	0.8598×10^{-4}	0.8598×10^{-4}	1.7197×10^{-4}	1.7197×10^{-4}
自来水、井水、软化锅炉水	1.7197×10^{-4}	1.7197×10^{-4}	3.4394×10^{-4}	3.4394×10^{-4}
蒸馏水	0.8598×10^{-4}	0.8598×10^{-4}	0.8598×10^{-4}	0.8598×10^{-4}
硬水	5.1590×10^{-4}	5.1590×10^{-4}	8.598×10^{-4}	8.598×10^{-4}

工业用气体		工业用液体		油分馏出物	
气体名称	热阻	液体名称	热阻	馏出物名称	热阻
有机化合物	0.8598×10^{-4}	有机化合物	1.7197×10^{-4}	原油	3.4394×10^{-4} ～ 12.898×10^{-4}
水蒸气	0.8598×10^{-4}	盐水	1.7197×10^{-4}	汽油	1.7197×10^{-4}
空气	3.4394×10^{-4}	熔盐	0.8598×10^{-4}	石脑油	1.7197×10^{-4}
天然气	1.7197×10^{-4}	—	—	煤油	1.7197×10^{-4}
焦炉气	1.7197×10^{-4}	—	—	柴油	3.4394×10^{-4} ～ 5.1590×10^{-4}
—	—	—	—	重油	8.598×10^{-4}
—	—	—	—	沥青油	17.197×10^{-4}

附表 2-10　一些食品有关组分在固体中的扩散系数

扩散组分	固体材料	温度 /℃	扩散系数（10^{-11} m²/s）
O_2	橡胶	25	21
CO_2	橡胶	25	11
N_2	橡胶	25	15
水	醋酸纤维素（12% 含水量）	25	0.32

扩散组分	固体材料	温度 /℃	扩散系数（10^{-11}m²/s）
水	醋酸纤维素 （5% 含水量）	25	0.20
NaCl	离子交换树脂 （Dowex50）	50	9.5
蔗糖	琼脂凝胶（冻粉）	5	25

附表 2-11　一些食品材料的含水量、冻前比热容、冻后比热容和融化热数据

食品材料	含水量 /%	初始冻结 温度 /℃	冻前比热容 / [kJ/（kg·K）]	冻后比热容 / [kJ/（kg·K）]	融化热 / （kJ/kg）
1. 蔬菜					
芦笋	93	−0.6	4.00	2.01	312
干菜豆	41	—	1.95	0.98	37
甜菜根	88	−1.1	3.88	1.95	295
胡萝卜	88	−1.4	3.88	1.95	295
花椰菜	92	−0.8	3.98	2	308
芹菜	94	−0.5	4.03	2.02	315
甜玉米	74	−0.6	3.53	1.77	248
黄瓜	96	−0.5	4.08	2.05	322
茄子	93	−0.8	4.00	2.01	312
大蒜	61	−0.8	3.20	1.61	204
姜	87	—	3.85	1.94	291
韭菜	85	−0.7	3.80	1.91	285
莴苣	95	−0.2	4.06	2.04	318
蘑菇	91	−0.9	3.95	1.99	305
青葱	89	−0.9	3.90	1.96	298
干洋葱	88	−0.8	3.88	1.95	295

食品材料	含水量 /%	初始冻结温度 /℃	冻前比热容 / [kJ/ (kg·K)]	冻后比热容 / [kJ/ (kg·K)]	融化热 / (kJ/kg)
1. 蔬菜					
青豌豆	74	−0.6	3.53	1.77	248
四季萝卜	95	−0.7	4.06	2.04	318
菠菜	93	−0.3	4.00	2.01	312
番茄	94	−0.5	4.03	2.02	315
青萝卜	90	−0.2	3.93	1.97	302
萝卜	92	−1.1	3.98	2.00	308
水芹菜	93	−0.3	4.00	2.01	312
2. 水果					
鲜苹果	84	−1.1	3.78	1.90	281
杏	85	−1.1	3.8	1.91	285
香蕉	75	−0.8	3.55	1.79	251
樱桃（酸）	84	−1.7	3.78	1.90	281
樱桃（甜）	80	−1.8	3.68	1.85	268
葡萄柚	89	−1.1	3.90	1.96	298
柠檬	89	−1.4	3.90	1.96	298
西瓜	93	−0.4	4.00	2.01	312
橙	87	−0.8	3.85	1.94	292
鲜桃	89	−0.9	3.90	1.96	298
梨	83	−1.6	3.75	1.89	278
菠萝	85	−1.0	3.80	1.91	285
草莓	90	−0.8	3.93	1.97	302

食品材料	含水量 /%	初始冻结温度 /℃	冻前比热容 / [kJ/（kg·K）]	冻后比热容 / [kJ/（kg·K）]	融化热 / （kJ/kg）
3. 鱼					
大马哈鱼	64	−2.2	3.28	1.65	214
金枪鱼	70	−2.2	3.43	1.72	235
青鱼片	57	−2.2	3.10	1.56	191
4. 贝类					
扇贝肉	80	−2.2	3.68	1.85	268
小虾	83	−2.2	3.75	1.89	278
美洲大龙虾	79	−2.2	3.65	1.84	265
5. 牛肉					
胴体（60% 瘦肉）	49	−1.7	2.90	1.46	164
胴体（54% 瘦肉）	45	−2.2	2.80	1.41	151
大腿肉	67	—	3.35	1.68	224
小牛胴体（81% 瘦肉）	66	—	3.33	1.67	221
6. 猪肉					
腌熏肉	19	—	2.15	1.08	64
胴体（47% 瘦肉）	37	—	2.6	1.31	124
胴体（33% 瘦肉）	30	—	2.42	1.22	101
后腿（轻度腌制）	57	—	3.1	1.56	191
后腿（74% 瘦肉）	56	−1.7	3.08	1.55	188
7. 羊羔肉					
腿肉（83% 瘦肉）	65	—	3.30	1.66	218
8. 乳制品					
奶油	16	—	2.07	1.04	54

续表

食品材料	含水量/%	初始冻结温度/℃	冻前比热容/[kJ/(kg·K)]	冻后比热容/[kJ/(kg·K)]	融化热/(kJ/kg)
8. 乳制品					
干酪（瑞士）	39	−10.0	2.65	1.33	131
冰激凌（10%脂肪）	63	−5.6	3.25	1.63	211
罐装炼乳（加糖）	27	−15.0	2.35	1.18	90
浓缩乳（不加糖）	74	−1.4	3.53	1.77	248
全脂乳粉	2	—	1.72	0.87	7
脱脂乳粉	3	—	1.75	0.88	10
鲜乳（3.7%脂肪）	87	−0.6	3.85	1.94	291
脱脂鲜乳	91	—	3.95	1.99	305
9. 禽肉制品					
鲜蛋	74	−0.6	3.53	1.77	247
蛋白	88	−0.6	3.88	1.95	295
蛋黄	51	−0.6	2.95	1.48	171
加糖蛋黄	51	−3.9	2.95	1.48	171
全蛋粉	4	—	1.77	0.89	13
蛋白粉	9	—	1.90	0.95	30
鸡	74	−2.8	3.53	1.77	248
火鸡	64	—	3.28	1.65	214
鸭	69	—	3.4	1.71	231
10. 杂项					
蜂蜜	17	—	2.1	1.68	57
奶油巧克力	1	—	1.70	0.85	3

食品材料	含水量 /%	初始冻结温度 /℃	冻前比热容 / [kJ/ (kg·K)]	冻后比热容 / [kJ/ (kg·K)]	融化热 / (kJ/kg)
10. 杂项					
花生酥	2	—	1.72	0.87	7
带皮花生	6	—	1.82	0.92	20
带皮花生（烤熟）	2	—	1.72	0.87	7

附表 2-12　总传热系数的工业实例

传热装置	所处理的食品	载热体	壁材质	目的、条件	总传热系数 [w· (m²·K) ⁻¹]
刮板式热交换器	猪油、黄油	氨	铁（碳）	冷却	1420
	人造奶油	氨	铁（镍）	冷却	1700
	蛋	氨	铁（镍）	冷却	1200
	42° 白利糖度柑橘浓缩液	氨	铁（镍）	泥状、冻结	1700
	55° 白利糖度柑橘浓缩液	氨	铁（镍）	冷却	1700
	淀粉水溶液	水	铁（不锈钢）	冷却	2050
	淀粉水溶液	水蒸气	铁（不锈钢）	加热	1700
	果酱	水蒸气	铁（不锈钢）	杀菌	2340
板式热交换器	汁液	热水	铁（不锈钢）	杀菌	2330
	汁液	盐水	铁（不锈钢）	冷却	1740
套管式热交换器	牛乳	水蒸气	上釉铸铁	不搅拌	465 ～ 1160
	牛乳	水蒸气	上釉铸铁	搅拌	1740
	果实浓稠液	水蒸气	上釉铸铁	不搅拌	174 ～ 523
	果实浓稠液	水蒸气	上釉铸铁	搅拌	870
多管式热交换器	水	水蒸气	铁	加热	1160 ～ 4070

续表

传热装置	所处理的食品	载热体	壁材质	目的、条件	总传热系数 [w·(m²·K)⁻¹]
多管式热交换器	氨	水蒸气	铁	加热	1160～4070
	水溶液（黏度 2MPa·s 以上）	水蒸气	铁	加热	580～2.910
	水	盐水	铁	冷却	582～1160
	醋酸	水蒸气	特氟隆	加热	465
蛇管式热交换器	牛乳（管内）	水	—	搅拌	1700
	蔗糖、糖蜜溶液（管外）	水蒸气	铜	不搅拌	279～1360
	氨基酸（管外）	盐水	—	搅拌	570
	脂肪酸（管外）	水蒸气	铜	不搅拌	547～570
	50% 砂糖水（管外）	水	铅	—	279～337
套管式蒸发器	水、牛乳	水蒸气	—	—	1160～2320
	浓稠液体	水蒸气	—	带搅拌翼	350～1160
降液薄膜式蒸发器	蔗糖溶液	水蒸气	—	带搅拌翼	1160～1280

附录三　常用产品的规格与性能

附表 3-1　低压流体输送用焊接钢管（外径不大于 219.1mm）（摘自 GB/T 3091—2015）

公称口径(DN)	外径（D）			最小公称壁厚（t）	不圆度不大于
	系列 1	系列 2	系列 3		
6	10.2	10	—	2	0.2
8	13.5	12.7	—	2	0.2

公称口径（DN）	外径（D）			最小公称壁厚（t）	不圆度不大于
	系列 1	系列 2	系列 3		
10	17.2	16	—	2.2	0.2
15	21.3	20.8	—	2.2	0.3
20	26.9	26	—	2.2	0.35
25	33.7	33	32.5	2.5	0.4
32	42.4	42	41.5	2.5	0.4
40	48.3	48	47.5	2.75	0.5
50	60.3	59.5	59	3	0.6
65	76.1	75.5	75	3	0.6
80	88.9	88.5	88	3.25	0.7
100	114.3	114	—	3.25	0.8
125	139.7	141.3	140	3.5	1
150	165.1	168.3	159	3.5	1.2
200	219.1	219	—	4	1.6

注　1. 表中的公称口径系近似内径的名义尺寸，不表示外径减去两倍壁厚所得的内径。

　　2. 系列 1 是通用系列，属推荐选用系列；系列 2 是非通用系列；系列 3 是少数特殊、专用系列。

附表 3-2　不锈钢管的外径与壁厚（摘自GB/T 17395—2008）

外径 /mm			壁厚 /mm							2.2 (2.3)	2.5 (2.6)	2.8 (2.9)	3.0	3.2	3.5 (3.6)	4.0	4.5	5.0
系列1	系列2	系列3	1.0	1.2	1.4	1.5	1.6	2.0										
34 (33.7)			·	·		·	·	·	·	·	·		·	·	·	·	·	
		35	·	·	·	·	·	·	·	·	·		·	·	·	·	·	
	38		·	·	·	·	·	·	·	·	·		·	·	·	·	·	

续表

外径/mm			壁厚/mm														
系列1	系列2	系列3	1.0	1.2	1.4	1.5	1.6	2.0	2.2 (2.3)	2.5 (2.6)	2.8 (2.9)	3.0	3.2	3.5 (3.6)	4.0	4.5	5.0
	40		·	·	·	·	·	·	·	·	·	·	·	·	·	·	·
42 (42.4)			·	·	·	·	·	·	·	·	·	·	·	·	·	·	·
		45 (44.5)	·	·	·	·	·	·	·	·	·	·	·	·	·	·	·
48 (48.3)			·	·	·	·	·	·	·	·	·	·	·	·	·	·	·
	51						·	·	·	·	·	·	·	·	·	·	·
		54						·	·	·	·	·	·	·	·	·	·
	57							·	·	·	·	·	·	·	·	·	·
60 (60.3)								·	·	·	·	·	·	·	·	·	·
	64 (63.5)							·	·	·	·	·	·	·	·	·	·
	68							·	·	·	·	·	·	·	·	·	·
	70							·	·	·	·	·	·	·	·	·	·
	73							·	·	·	·	·	·	·	·	·	·
76 (76.1)								·	·	·	·	·	·	·	·	·	·
		83 (82.5)						·	·	·	·	·	·	·	·	·	·
89 (88.9)								·	·	·	·	·	·	·	·	·	·
	95							·	·	·	·	·	·	·	·	·	·
	102 (101.6)							·	·	·	·	·	·	·	·	·	·
	108							·	·	·	·	·	·	·	·	·	·
114 (114.3)								·	·	·	·	·	·	·	·	·	·

注　1. 括号内尺寸为相应的英制单位。

　　2. "·"表示常用规格。

附表 3-3　国内常用筛筛目

目数	筛孔尺寸 / mm	目数	筛孔尺寸 / mm	目数	筛孔尺寸 / mm	目数	筛孔尺寸 / mm
8	2.5	32	0.56	75	0.2	190	0.08
10	2.0	35	0.5	80	0.18	200	0.071
12	1.6	40	0.45	90	0.16	240	0.063
16	1.25	45	0.4	100	0.154	260	0.056
18	1.0	50	0.355	110	0.14	300	0.05
20	0.9	55	0.315	120	0.125	320	0.045
24	0.8	60	0.28	130	0.112	360	0.04
26	0.7	65	0.25	150	0.1		
28	0.63	70	0.224	160	0.09		

附表 3-4　空气压缩机技术规格一览表

型号	型式	冷却方式	排气量 / (m³/h)	压强 / 10⁵Pa	转速 / (r/min)	活塞行程 / mm	电动机功率 /kW
3L-20/35	L 型	水	1200	3.4	480	200	100
V0.6/7	移动	风	36	6.9	1450	55	5.5
A0.6/7	固定立式	水	36	6.9	450	100	5.5
A0.9/8	固定立式	水	54	7.8	650	100	7.5
3W1.6/10	移动式	风	96	9.8	1460	70	13
1V-3/8	固定式	风	180	7.8	960	110	22
1V-3/8-1	V 型	水	180	7.8	980	110	22
1W-3/7A	固定 YV 型	风	180	6.9	980	110	20
VY-6/7	固定 V 型	风	360	6.9	1500	112	40

附表 3-5　W 型往复式真空泵的技术性能

性能	型号				
	W5	W1	W2	W3	W4
抽气速率 /（m³/h）	60	125	200	370	770
极限真空 /Pa	1333	1333	1333	1333	1333
转速 /（r/min）	300	300	300	200	200
配用电机 /kW	2.2	4	5.5	10	22
缸径 × 行程 /mm	170 × 102	220 × 130	250 × 150	350 × 200	455 × 250

附表 3-6　SZ 型水环式真空泵的技术性能

型号	抽气量 /（m³/h）					极限真空度 /Pa	配带动力 / kW	转速 /（r/min）
	1.013×10^5Pa	6.078×10^4Pa	4.052×10^4Pa	2.026×10^4Pa	9.33×10^3Pa			
SZ-1	90	38.4	24	7.2	—	1.626×10^4	4	1450
SZ-2	204	99	57	15	—	1.306×10^4	10	1450
SZ-3	690	408	216	90	30	7.998×10^3	30	975
SZ-4	1620	1056	660	180	60	7.065×10^3	70	730

附表 3-7　2X 型旋片式真空泵的型式和基本参数

型号	抽气速率 /（L/s）	极限压强 /Pa		配电机功率 / kW（不大于）	进气口内径 / mm
		关气镇阀	开气镇阀		
2X-0.5	0.5	0.06665	0.6665	0.18	10
2X-1	1	0.06665	0.6665	0.25	15
2X-2	2	0.06665	0.6665	0.4	20
2X-4	4	0.06665	0.6665	0.6	25
2X-8	8	0.06665	0.6665	1.1	32

型号	抽气速率 /（L/s）	极限压强 /Pa		配电机功率 / kW（不大于）	进气口内径 / mm
		关气镇阀	开气镇阀		
2X-15	15	0.06665	0.6665	2.2	50
2X-30	30	0.06665	1.333	4	65
2X-70	70	0.06665	1.333	7.5	80
2X-150	150	0.06665	1.333	14	125

附表 3-8 标准规格装配式冷藏库主要数据

型号	库容积 /m³	库房占地面积 /m²	标准制冷量 / kW/h（MJ/h）	冷藏量（库温 -18℃）/kg	冻结量 /（kg/d）	电机功率 /kW	冷库外形尺寸（长×宽×高）/m
ZL-10	10	4.86	4.03	2000	200	2.2	2.7×1.8×2.6
ZL-15	15	7.29	-14.5	3000	300		2.7×2.7×2.6
ZL-20	20	9.72	8.06	4000	400		3.6×2.7×2.6
ZL-26	26	12.15	-30	5200	520	4.4	4.5×2.7×2.6
ZL-28	28	12.96	—	5600	560		3.6×3.6×2.6
ZL-31	31	14.58	—	6200	620		5.4×2.7×2.6
ZL-35	35	16.2	—	7000	700		4.5×3.6×2.6
ZL-37	37	17.01	12.1	7400	740		6.3×2.7×2.6
ZL-42	42	19.44	-43.5	8400	840	6.6	7.2×2.7×2.6
ZL-42	42	19.44	—	8400	840		5.4×3.6×2.6
ZL-48	48	21.78	—	9600	960		8.1×2.7×2.6
ZL-50	50	22.68	—	10000	1000		6.3×3.6×2.6
ZL-51	57	25.92	—	11400	1140	8.8	7.2×3.6×2.6

续表

型号	库容积 /m³	库房占地面积 /m²	标准制冷量 /kW/h（MJ/h）	冷藏量（库温 −18℃）/kg	冻结量 /（kg/d）	电机功率 /kW	冷库外形尺寸（长 × 宽 × 高）/m
ZL-65	65	29.16	—	13000	1300	8.8	8.1 × 3.6 × 2.6
ZL-72	72	32.4	—	14400	1440		9.0 × 3.6 × 2.6

注　库内净高均为 2.4m，库内尺寸均为 1800mm × 800mm，库温范围均为 −23 ～ 5℃。

附表 3-9　CLT/A 型旋风分离器

型号	圆筒直径 /mm	入口气速 /（m/s）		
		12	15	18
		压强降 /Pa		
		755	1187	1707
CLT/A-1.5	150	170	210	200
CLT/A-2.0	200	300	370	440
CLT/A-2.5	250	400	580	690
CLT/A-3.0	300	670	830	1000
CLT/A-3.5	350	910	1140	1360
CLT/A-4.0	400	1180	1480	1780
CLT/A-4.5	450	1500	1870	2250
CLT/A-5.0	500	1860	2320	2780
CLT/A-5.5	550	2240	2800	3360
CLT/A-6.0	600	2670	3340	4000
CLT/A-6.5	650	3130	3920	4700
CLT/A-7.0	700	3630	4540	5440
CLT/A-7.5	750	4170	5210	6250
CLT/A-8.0	800	4750	5940	7130

附表 3-10　泵规格

型号	流量 /(m³/h)	扬程 /m	转速 /(r/min)	汽蚀余量 /m	效率 /%	功率 /kW 轴功率	配带功率	重量 /kg	外形尺寸（长 × 宽 × 高）/mm
IS50-32-125	7.5 12.5 15	20	2900	2	6	1.13	2.2	33	465 × 190 × 252
	3.75 6.3 7.5	5	1450	2	54	0.16	0.55	55	465 × 195 × 252
IS50-32-160	7.5 12.5 15	32	2900	2	54	2.02	3	42	465 × 240 × 292
IS50-32-160	3.75 6.3 7.5	8	1450	2	48	0.28	0.55	42	465 × 240 × 292
IS50-32-200	7.5 12.5 15	525 50 48	2900	2.0 2.0 2.5	38 48 51	2.62 3.54 3.84	5.5	49	465 × 240 × 340
	3.75 6.3 7.5	13.1 12.5 12	1450	2.0 2.0 2.5	33 42 44	0.41 0.51 0.56	0.75	49	465 × 240 × 340
IS50-32-250	7.5 12.5 15	82 80 78.5	2900	2.0 2.0 2.5	28.5 38 41	5.67 7.16 7.83	11	78	600 × 320 × 405
	3.75 6.3 7.5	20.5 20 19.5	1450	2.0 2.0 2.5	23 32 35	0.91 1.07 1.14	15	78	600 × 320 × 405
IS65-50-125	15 25 30	20	2900	2	69	1.97	3	33	465 × 210 × 252
	7.5 12.5 15	5	1450	2	64	0.27	0.55	33	465 × 210 × 252
IS65-50-160	15 25 30	35 32 30	2900	2.0 2.0 2.5	54 65 66	2.65 3.35 3.71	5.5	42	465 × 240 × 292
	7.5 12.5 15	8.8 8.0 7.2	1450	2.0 2.0 2.5	50 60 60	0.36 0.45 0.49	0.75	42	465 × 240 × 292

续表

型号	流量/ (m³/h)	扬程/m	转速/(r/min)	汽蚀余量/m	效率/%	功率/kW		重量/kg	外形尺寸（长×宽×高）/mm
						轴功率	配带功率		
IS65-40-200	15 25 30	53 50 47	2900	2.0 2.0 2.5	49 60 61	4.42 5.67 6.29	7.5	50	485×265×340
	7.5 12.5 15	13.2 12.5 11.8	1450	2.0 2.0 2.5	43 55 57	0.63 0.77 0.85	1.1	50	485×265×340
IS65-40-250	15 25 30	80	2900	2	53	10.3	15	88	600×320×405
	7.5 12.5 15	20	1450	2	48	1.42	2.2	88	600×320×405

附表 3-11 有机玻璃离子交换柱规格表

序号	直径/mm	有效高度/mm	壁厚/mm	序号	直径/mm	有效高度/mm	壁厚/mm
1	500	2500	12	12	300	1500	8
2	500	2000	14	13	280	1700	10
3	500	2000	12	14	262	2000	6
4	430	2000	14	15	250	1500	8
5	385	2000	14	16	235	2000	12
6	325	1700	12	17	220	1500	10
7	325	1500	10	18	200	1800	10
8	320	1700	10	19	200	1500	5
9	307	1500	10	20	200	1500	6
10	300	2000	8	21	200	1100	10
11	300	1500	10	22	170	1500	5

序号	直径/mm	有效高度/mm	壁厚/mm	序号	直径/mm	有效高度/mm	壁厚/mm
23	164	1000	5	26	100	1000	4
24	150	1.5	6	27	100	1000	5
25	120	930	10	28	75	800	7